Introduction
들어가기 전에

* * *

독일 빵은 거무스름하고 단단하고 신맛이 난다는 반응이 많다. 독일 빵 중에는 물론 그런 빵도 있지만 그렇지 않은 빵도 있다. 단단하고 신맛이 나는 빵에 선뜻 손이 가지 않을 수 있지만 사실 아주 깊은 맛을 느낄 수 있다. 편견 때문에 모처럼 맛있는 독일 빵을 알 기회를 놓친다면 아쉬운 일이다. 이 책은 한마디로 이런 마음을 담아 만들었다고 해도 좋다.

독일 빵의 맛을 아는 사람들도 많아 독일 빵을 배우러 가는 사람도 적지 않다. 하지만 일반인에게는 아직 제대로 알려지지 않았다. 몇 년 전부터 나는 이 간극을 메울 방법이 없을까 생각하다가 이 책을 기획하게 되었다.

마치 기다리기라도 한 것처럼 달려들기는 했으나 그리 간단히 진행되는 작업은 아니었다. 큰 빵, 작은 빵을 합쳐 2,000~3,000가지나 되는 독일 빵 중에 100가지를 고르는 것, 각 지방에 흩어진 독자적인 빵과 빵 문화를 한 권의 책에 담는 일은 예상외로 어려운 일이었다. 그리고 독일 빵에 정통한 사람도 있는데 과연 내가 써도 되는가 하는 생각도 들었다.

일본에는 독일 빵 관련 책이 그리 많지 않다. 게다가 대부분 레시피 중심의 책이다. 내가 독일 빵에 대해 쓴다면 다양한 종류의 빵, 특색과 문화 등에 초점을 맞추고 싶었기 때문에 가능하면 이에 대한 정보를 넣으려고 했다. 정보를 모으는 과정에서 정말 독일 빵에 대해 모르는 것이 많다는 것을 알게 되었다. 예로부터 빵은 독일 사람들의 일상이며 그만큼 생활에 밀착되어 있음을 알게 되었다.

소개할 빵을 고르는 기준은 개인의 경험을 우선으로 했고, 소장하고 있는 책을 참고로 했다. 매일 먹는 빵은 물론, 일상에서 보기 어려운 빵이나 지방의 빵도 소개하고 싶은 욕심에 선택에 애를 먹었다. 소개하고 싶었지만 아쉽게도 뺄 수밖에 없는 빵도 많았다.

빵을 만들 때는 많은 베이커리와 제빵사들의 힘을 빌렸다. 크리스마스 대목이었음에도 불구하고 흔쾌히 빵을 구워준 분들에게 이 자리를 빌려 감사의 말씀을 드린다. 빵 사진과 정보는 독일 관계자로부터 충분히 얻을 수 있었다. 빵의 재료와 기타 샘플 등을 제공해준 기업 담당자분들에게도 감사 말씀을 전하고 싶다.

이 책을 보기 좋게 편집해준 하네 노리코 씨, 멋진 사진을 찍어준 나가세 유카리 씨에게도 특별히 감사의 마음을 전하고 싶다.

일본에도 독일 빵을 좋아하는 애호가들이 늘어나기를 기대하면서….

2017년 6월 모리모토 토모코

Contents
차례

대형 빵
Brot

* ———————— * ———————— * ———————— * ———————— * ———————— *

소형 빵
Kleingebäck

축하용 빵
Festtagsgebäck

Contents
차례

과자 빵
Feine Backwaren

독일 빵 이해하기

Brotkunde

Brotland Deutschland

빵의 나라 독일

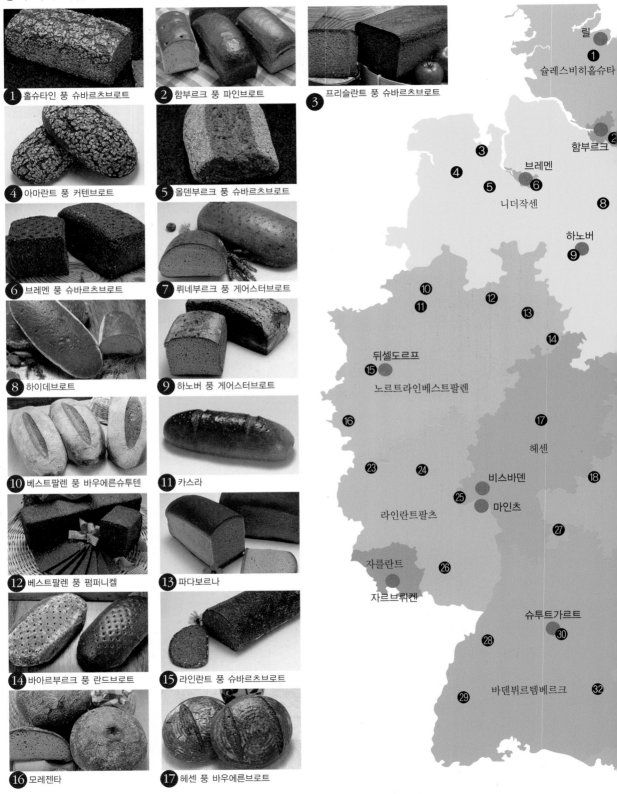

1 홀슈타인 풍 슈바르츠브로트

2 함부르크 풍 파인브로트

3 프리슬란트 풍 슈바르츠브로트

4 아마란트 풍 커텐브로트

5 올덴부르크 풍 슈바르츠브로트

6 브레멘 풍 슈바르츠브로트

7 뤼네부르크 풍 게어스터브로트

8 하이데브로트

9 하노버 풍 게어스터브로트

10 베스트팔렌 풍 바우에른슈투텐

11 카스라

12 베스트팔렌 풍 펌퍼니켈

13 파다보르나

14 바아르부르크 풍 란드브로트

15 라인란트 풍 슈바르츠브로트

16 모레젠타

17 헤센 풍 바우에른브로트

릴

1 슐레스비히홀슈타

2 함부르크

3

4

5 브레멘

6

니더작센

8

9 하노버

10

11

12

13

14

15 뒤셀도르프

노르트라인베스트팔렌

16

17

헤센

23

24

25 비스바덴

마인츠

라인란트팔츠

27

자를란트

26

자르브뤼켄

슈투트가르트

28

30

29 바덴뷔르템베르크

32

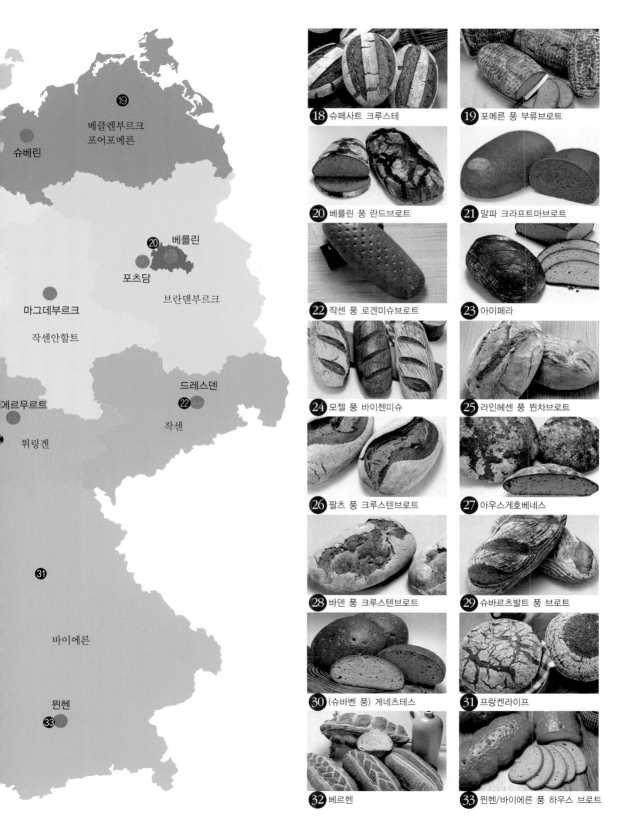

슈베린

베클렌부르크
포어포메른

⑲

마그데부르크

작센안할트

베를린

⑳

포츠담

브란덴부르크

에르푸르트

⑫

드레스덴

㉒

작센

튀링겐

㉛

바이에른

뮌헨

㉝

⑱ 슈페사트 크루스테

⑲ 포메른 풍 부류브로트

⑳ 베를린 풍 란드브로트

㉑ 말파 크라프트마브로트

㉒ 작센 풍 로겐미슈브로트

㉓ 아이페라

㉔ 모젤 풍 바이첸미슈

㉕ 라인헤센 풍 뷘차브로트

㉖ 팔츠 풍 크루스텐브로트

㉗ 아우스게호베네스

㉘ 바덴 풍 크루스텐브로트

㉙ 슈바르츠발트 풍 브로트

㉚ (슈바벤 풍) 게네츠테스

㉛ 프랑켄라이프

㉜ 베르헨

㉝ 뮌헨/바이에른 풍 하우스 브로트

독일 빵은 어떤 빵일까?

종류로는 세계 제일의 전통, 문화, 시대를 반영한다

일본에는 전 세계의 다양한 식품이 모인다. 빵도 예외는 아니다. 그 증거로 빵 전문점이나 제과점뿐 아니라 영어로 베이커리, 프랑스어로 브랑제리를 내걸어 그 곳에서 어떤 빵을 취급하는지 알 수 있게 한 빵집도 있다. 이런 가운데 빵가게를 의미하는 독일어 '베커라이'라는 간판을 내걸고 독일 빵을 취급하는 곳도 종종 볼 수 있게 되었다.

세계에서 빵의 종류가 가장 많은 나라

일본에서 조니(雜煮:전통적으로 정월 초에 먹는 일본식 떡국)가 지역에 따라 떡의 모양이나 조리법, 재료, 국물 등에 차이가 있는 것처럼 독일 빵도 지역에 따라 특성이 있으며 많은 종류가 있다.

앞 페이지에서는 각 지역의 대표적인 빵을 소개했다. 독일 빵이라 하면 묵직하고, 브레첼처럼 스낵 감각으로 먹을 수 있는 작은 빵, 또는 최근 일본에서도 크리스마스 과자로 자리 잡은 슈톨렌 같은 빵이 머리에 떠오른다. 하지만 이뿐 아니라 실로 다양한 빵이 존재한다.

다양한 빵이야말로 바로 독일 빵의 가장 큰 특징이라 할 수 있다. 그도 그럴 것이 독일에는 크기가 큰 빵이 300여 종류, 작은 빵이 1,200여 종류에 이른다고 한다. 여기에 과자 빵의 종류도 많다.

대부분의 독일 빵은 중량이나 재료의 배합, 사용되는 주요 곡물의 비율 등에 따라 법률로 분류되고 명칭이 정해진다. 독일어는 한 단어가 길어 익숙해지기 전에는 혼동하기 쉬운데, 이 법률에 의한 명칭은 합리적이고 명확하다. 읽을 줄만 알면 그게 어떤 빵인지 쉽게 상상할 수 있다. 이 책에는 빵의 분류에 대해서 페이지를 할애해 설명했으니 참고하길 바란다. 그런데 이 많은 종류의 독일 빵은 어디서 온 것일까? 독일 빵은 지형과 토양, 역사적 배경과 관련이 있다.

지리적 조건은 빵에도 반영된다

독일의 국토 면적은 357,375.62km²이다. 일본이 377,835km²이니까 일본보다 면적이 약간 좁다. 위도는 일본이 북위 약 20~45° 사이에 위치하는 데 반해 독일은 북위 약 47~55°로 북쪽에 치우쳐 있다. 삿포로가 북위 약 43°이고, 독일 남부 도시인 뮌헨이 북위 약 48°다.

이 때문에 기후는 일본보다도 춥다. 특히 동부와 북부는 대륙성기후 때문에 한층 더 춥고 건조하다. 지형은 대략 세 지역으로 나누어지는데, 북부의 저지대, 중부의 산악지대, 남부의 알프스 산지가 있다. 이런 지형의 차이는 생활, 더 나아가서는 식문화 차이를 낳았다. 그리고 이것이 빵에도 반영되었다.

독일은 국토의 절반 이상이 농지인 만큼 농업이 발달했다. 곡물 밭은 독일 전면적의 약 1/5이다. 곡물은 빵의 주요 재료인 밀의 재배는 남부에서, 호밀 재배는 북부에서 많이 한다. 이것이 그대로 각 지방의 독일 빵 문화에 영향을 주었다. 사실 독일 남부에는 밀가루를 사용한 빵이 많고, 북부에는 호밀 빵이 주류를 이룬다.

독일은 현재와 같은 형태로 통일되기 전에는 오랫동안 작은 나라로 나누어져 있었다. 현재도 각 주에 정부가 있고, 수도 한 곳에 집중되지 않는 도시 구조가 유지되고 있어, 그 고장의 문화가 오래 살아 있을 수 있다. 이것은 지역에 따른 식문화가 발달되어 있음을 의미한다.

게다가 독일에는 밀이나 호밀 외에도 빵의 원재료로써 사용되는 곡물 종류가 풍부한 점도 독일 빵의 종류가 많은 데 한몫했다. 이들 곡물의 배합에 따라서도 빵의 모양이 달라진다. 게다가 다른 나라의 영향, 사람들의 기호 변화와 트렌드 등 시대의 변화 속에서 탄생한 빵도 등장했다.

빵을 둘러싼 독일의 환경

빵의 종류 이상으로 아직 일본에 알려지지 않은 것이 독일에서의 빵의 존재가 아닐까.

먼저 독일 사람들의 세끼 식습관을 보면 아침에는 작은 빵을 중심으로 든든히 먹는 경향이 있다. 반대로 독일의 전통적인 저녁 식사는 간단히 먹는 편이다. 커다란 빵을 슬라이스해서 햄이나 소시지류, 치즈 등 찬 것과 함께 먹는다. 저녁을 준비하는 데 시간이 걸리지 않아 바쁜 현대인의 생활에도 딱 맞는다. 가장 볼륨이 있는 것은 점심식사로 따뜻한 요리를 먹는 것도 이때다. 사실 이때는 빵을 식탁에 올려놓지 않는 것이 보통이다.

아침과 점심식사 사이, 혹은 오후에 빵이나 샌드위치 등 가벼운 식사를 하는 스낵 타임이 있다. 이벤트나 파티, 축제에도 빵은 빼놓을 수 없는 존재다. 특히 크리스마스나 부활절 등 오래전부터 전해진 축제에 등장하는 빵에는 긴 역사가 있고 또한 지역에 따른 차이가 있어 알면 알수록 흥미롭다.

또한 알려지지 않은 것이 있다. 묵직한 빵은 상당히 오래가기 때문에 보관하기 좋다는 점이다. 일본에서 판매하는 대부분의 빵은 가능하면 신선할 때 먹는 것이 좋고 독일 빵의 경우도 작은 것은 빨리 먹는 것이 좋지만, 커다란 빵은 상당히 오래가는 편이다. 따라서 독일에는 보관 용기도 상당히 다양하다. 다만 습기가 많은 일본과는 기후 조건이 다르므로 일본에서 사용하는 경우에는 주의가 필요하다. 이러한 독일 빵 취급법에 대해서도 이 책에서 소개한다.

건강에 대한 관심이 커지며 주목 받는 독일 빵

독일에서 빵을 구입할 수 있는 곳도 소개한다. 보통 빵집에서 빵을 팔지만 독일에서는 빵 가게와 케이크 가게가 밀접한 연관이 있으며, 실제로 판매되는

종류도 공통된 것이 적지 않다.

독일의 대형 빵은 오래 보관할 수 있어 온라인 쇼핑에서도 판매한다. 일본에서 말하는 중식 같은 샌드위치 등 빵을 이용한 스낵 푸드도 그 종류가 많다.

빵집 시스템도 일본과는 많이 다르다. 독일 마이스터 제도는 제빵사 세계에도 적용된다. 빵을 만드는 데 그치지 않고 폭넓은 지식도 요구되는 마이스터 제도에 대해서도 이 책에서 설명한다.

잊어서는 안 되는 점은 시대가 건강 중시로 바뀌고 있다는 것이다. 채식주의자, 완전 채식주의자를 위한 레시피 개발이 이미 당연한 것으로 받아들여지고 있

독일 빵집에서는 대면식이 기본. 주문할 때, 원하는 빵과 개수, 무게를 말하면 된다.

다양한 종류의 소형 빵. 아침과 간식으로 먹는 일이 많다.

일본에서는 구운 과자로 분류되는 것도 빵처럼 오븐에서 구웠다는 이유로 빵집에서 판매한다.

11

다. 이것은 빵에도 반영되어 있다. 또한 유기농 식품 선택이 일상이 된 독일에서는 빵도 유기농이 있다. 유기농 식품을 판매하는 곳과 유기농을 구분하기 위한 인증 마크에 대해서도 소개한다.

밀가루 알레르기로 연결되는 글루텐 프리도 현재의 식생활에서 중요한 요소. 밀가루뿐 아니라 다종다양한 곡물을 사용하는 독일 빵에는 글루텐이 거의 혹은 전혀 포함되어 있지 않은 빵이 많다. 글루텐이 들어 있지 않은 빵을 사려는 사람에게 고마운 식품이다. 이러한 입장에서도 독일 빵을 구입하려는 사람들이 늘고 있다.

독일 빵을 더 많이 알기 위해서

빵 종류도, 빵 소비량도 세계 최고라는 독일. 이 책에서는 수많은 독일 빵 중에서도 일본인에게도 친숙한 것과, 정통 독일 빵 중에서 지역 특성이 강한 것, 현재 찾아보기 힘들게 된 빵 가운데 100종을 골랐다. 이들 빵을 독일의 빵 분류를 토대로 '대형 빵', '소형 빵', '축하용 빵', '과자 빵'의 카테고리 별로 소개한다. 각 빵의 배경과 역사뿐 아니라 특징, 재료, 만드는 법도 자세히 제시한다.

본문에 등장하는 관련성이 있는 다른 빵에는 그 빵을 소개한 페이지를 표시해 두었다. 색인에는 독일어를 병용해, 찾아보고 싶은 빵이 있을 때 쉽게 찾을 수 있도록 했다.

빵을 소개하는 페이지 중간 중간 칼럼을 넣어 빵에 관련된 독일 축제나 관습 등을 소개했다. 빵 그 자체뿐 아니라 그 배경이나 환경을 이해할 수 있어 보다 빵에 흥미를 갖게 될 것이다.

또한 권말에는 독일 빵의 분류와 사용되는 재료, 지역에 따른 특징, 빵을 먹는 법이나 구입 장소, 빵을 주제로 한 박물관 정보 등 다방면에서 독일 빵을 이해할 수 있는 읽을거리를 충실히 게재했다. 그리고 글루텐 프리나 건강 지향에서 볼 수 있는 빵의 트렌드에 대해서도 언급했다.

주목할 만한 것은 세계유산 등록이다. 이미 국내의 유산으로 등록된 독일 빵은, 세계유산이 되면 더욱 주목을 받을 것이다. 그 상황에 대해서도 이 책에서 다루고자 한다. 다만 정보는 이 책의 출판 직전인 2017년 봄 현재의 것이므로 최신 정보에 대해서는 수시 확인이 필요하다.

이 책을 통해 독일 빵의 매력을 하나라도 더 발견하기를 바란다.

출출할 때 요긴한 빵집 매대. 빵은 세끼 식사 때 이외에도 먹는다.

왼쪽은 독일을 대표하는 과자 빵인 베를린 풍 판쿠헨. 튀긴 빵으로 도넛을 생각나게 한다.

일본과 마찬가지로 독일에서도 커피 등 음료도 제공하는 카페 겸 빵집이 늘고 있다.

바이오 식품 전문점. 당연히 빵도 판매한다.

이 책의 빵 소개 페이지 사용법

전문가는 물론 빵 만들기에 도전해본 적이 있는 사람은 잘 알겠지만, 빵을 만드는 일은 매우 섬세한 작업이다. 똑같은 레시피로 빵을 만들어도 그날그날 또는 그곳의 온도나 습도가 크게 좌우하기 때문이다. 동시에 재료에 다른 문제도 있다. 일본 국내에서도 물의 성질이 지역에 따라 다르다. 물은 빵에 크게 작용하는 요소다.

이 책은 독일의 빵 문화를 전달하는 데 목적을 두었다. 이에 곁들여 그 빵에 어떠한 재료가 사용되고 어떻게 만드는지 소개한다.

따라서 이 책에 등장하는 빵 만드는 법은 독일의 재료, 그리고 독일의 제조법을 기반으로 한 것이다. 물론 일본에도 독일 빵을 본고장처럼 만드는 곳이 있지만, 아무래도 연구를 거듭한 끝에 완성한 그 가게 독자적인 레시피일 가능성이 크다. 그보다는 독일에서 온 직접적인 정보에 기초하는 것이 더욱 본고장의 독일 빵에 접근하기 쉽다고 생각한다. 이 책에서는 독일의 레시피를 거의 그대로 소개했다. 일본의 재료나 환경에 맞춘 것이 아니라는 점을 미리 밝혀둔다. 오븐 하나도 메이커에 따른 차이는 물론, 나라에 따라서도 그 성격이 크게 다르다. 또한 이 책에서 반죽하는 작업은 기계 반죽을 전제로 했다.

재료 면에서 크게 다른 점은 곡물이다. 독일과 일본은 시판되는 밀가루나 호밀 제품이 다르다. 일본의 밀가루는 강력분, 중력분, 박력분을 기본으로 각 제분 회사가 목적에 맞춰 제품을 내놓고 있다.

일본에서 밀가루를 분류하는 기준은 단백질 함유량이다. 그러나 독일에서는 미네랄을 기준으로 하며, 100g 속의 미네랄 함량(mg)이 그대로 '405' '550' 등으로 표시되고 분류되어 시판된다. 이 점은 188p '독일 빵의 재료'에서 설명하므로 참고하기 바란다. 이 페이지에서는 팽창제 등 독일 빵을 만드는 데 없어서는 안 되는 다른 재료도 안내한다. 각자의 환경이나 목적에 따라 독일 빵 레시피에 이용하기 바란다.

또한 독일 빵은 곡물(가루나 밀기울)이나 씨앗류를 미리 반죽 속에 넣기도 한다. 스타터나 중종과 달리 이스터나 사워도(sourdough)를 넣지 않고 물을 넣어 장시간 그대로 둔다. 이 반죽을 사용하는 목적이나 효과는 다음과 같다.

-타이크 아우스 보이 테(TA: 분말을 100으로 그것에 수분을 더한 값을 표기. 주로 하드 계 빵의 수분 함량을 나타낼 때 사용한다) 가 높아진다.
-딱딱한 곡물이나 씨앗류가 수분을 흡수해 부드러워진다.
-구워진 빵에 탄력이 생긴다. 따라서 자르거나 버터 등을 발라도 부스러지지 않는다.
-빵에 깊은 풍미가 생기고, 빵이 더 오래간다.

더 자세한 사항을 아래에 소개한다. 익숙하지 않은 것도 있으리라 생각되지만, 이 책의 '만드는 법'에서도 나오기 때문에 각기 어떤 성질을 갖고 있는지 대략적으로 알아두는 것이 좋다.

●크베르슈토크
크베렌이란 '물에 담가 불린다'는 의미다. 곡물이나 씨앗류를 20~30℃ 정도의 물에 담근 다음, 뚜껑을 덮어 10~20시간 불린다.

●코호슈토크
코헨이란 '익힌다', '끓인다'는 의미다. 곡물 등을 끓기 직전의 물에 넣고, 끓지 않을 정도의 온도에서 뚜껑을 덮은 다음 수분이 없어질 때까지 익힌다.

●브류슈토크
브류엔이란 '끓는 물을 붓는다, 담근다'라는 의미다. 70~100℃ 되는 뜨거운 물을 곡물에 부어 50~70℃를 유지하면서 3~4시간 불린다. 물의 온도가 높기 때문에 담그는 시간은 단시간에 마친다.

●메르코호슈토크
메르는 '가루'를 의미한다. 이 경우는 '가루를 익히는 방법'을 가리키는 것으로, 전분질이 풀처럼 걸쭉하게 되는 상태를 말한다.

〈이 책에 소개된 빵 만드는 법에 도움이 될 만한 참고 사이트〉
www.ploetzblog.de/
웹 운영자: 류츠 가이스라
원래는 지질학자. 2009부터 시작한 빵 블로그가 단번에 인기 블로그가 되면서 2013년에 빵 레시피 책을 처음으로 출간했다. 그동안 낸 네 권의 판매부수가 12만 부를 넘어, 이 분야의 인기 톱 라이터가 되었다. 항상 배우는 자세를 잊지 않고 질 좋은 빵을 연구하고 있다.

대형 빵

Brot

* * *

빵 종류가 많은 독일에는 대형 빵의 종류가 300가지가 넘는다. 대형 빵이라 해도 얼마나 큰지 짐작이 가지 않겠지만, 슬라이스하거나 잘라 먹는 빵으로 최저 중량은 250g이다. 무게 중 90%는 곡물 혹은 곡물 제품이고, 유지나 설탕 등 당분은 10% 이하로 정해져 있다. 빵 모양은 둥근형, 각진 것, 타원형 등 다양하다. 빵 빛깔도 사용한 곡물류나 굽는 정도에 따라 다르다. 노릇노릇한 갈색과 짙은 갈색이 있는가 하면 보기에 중후한 느낌이 드는 거무스름한 것도 있다.

바이스브로트
Weißbrot

* 지역 : 독일 전역
* 주요 곡물 : 밀, 호밀, 스펠트 밀
* 발효 방법 : 이스트, 밀 사워도, 호밀 사워도
* 용도 : 식사, 간식, 스낵

재료(1개분)
중종※1
밀가루550···240g
세몰리나···25g
물···160g
액체 몰트···2g
생이스트···6g
오일···10g
소금···6g

※1 중종
밀가루550···30g
물···20g
소금···0.6g
생이스트···0.9g

만드는 법
1 중종의 재료를 고루 섞은 다음, 냉장고에서 3일간 발효시킨다.
2 소금과 오일 이외의 재료를 가장 느린 속도로 5분, 그보다 빠른 속도로 5분 반죽한다. 오일을 넣고 같은 속도로 3분 반죽한 다음, 마지막에 소금을 넣고 2분간 같은 속도로 반죽한다. 반죽이 다 되면 90분간 발효시킨다.
3 반죽을 둥글려 10분간 휴지시킨다. 반죽을 두드려 가스를 빼주고 한가운데를 접어 둥글린 다음, 타원형으로 성형한다.
4 반죽 이음새 부분을 밑으로 해서 60분간 발효시킨다.
5 칼집을 비스듬히 몇 군데 넣는다. 스팀을 주입한 230℃ 오븐에 넣고 200℃로 내려 40분간 굽는다.

바이스(Weiß)는 독일어로 '흰색'을 의미한다. 그러니까 바이스브로트(Weiß brot)란 '흰 빵'인 셈이다.

이것은 빵의 명칭인 동시에 독일 빵의 종류로도 사용된다(→p.186). 종류로서의 바이스브로트의 경우, 주재료로 밀가루를 쓰는 빵을 가리킨다. 이때 밀가루는 90% 이상이어야 한다. 나머지는 다른 어떤 곡물이든 상관없다.

다만 여기서 주의할 것이 있다. 바이스브로트에는 밀가루뿐 아니라 스펠트 밀가루를 사용한 바이스브로트도 있기 때문에 명확하게 구별할 때는, 밀가루를 사용하는 바이스브로트의 경우는 바이첸바이스브로트(Weizenweiß brot), 스펠트 밀가루를 사용한 경우는 딩켈바이스브로트(Dinkelweiß brot)라고 표기한다.

앞에서 언급한 것처럼 바이스브로트가 될 수 있는 조건은 주재료인 밀가루를 90% 이상 사용해야 하지만 이것만 지키면 나머지 재료는 아무거나 상관없다. 전립분을 사용해도 된다. 발효시키기 위한 팽창제는 밀 사워도를 사용하는 경우가 많으나 호밀 사워도를 사용하기도 한다. 이 외에도 씨앗류를 섞은 것, 물과 버터밀크를 사용해 갠 것 등 다양한 재료를 사용한다. 모양과 크기도 타원형인 것, 길쭉한 것 등 다양하다.

흰 빵은 흰 가루를 만들기 위한 정제 과정을 거쳐야 하므로 고급 빵으로 여겼다. 고대 이집트에서는 공무원의 급료를 흰 빵으로 지불하기도 했다. 애니메이션 〈알프스 소녀 하이디〉에서 주인공 하이디가 클라라 집에서 식사 중에 흰 빵을 가져가도 되느냐고 물어보는 장면이 나온다. 흰 빵을 부잣집에서나 먹을 수 있었다는 것을 생각하면 이 장면을 쉽게 이해할 수 있을 것이다.

바이첸미슈브로트
Weizenmischbrot

＊지역: 독일 전역
＊주요 곡물: 밀가루, 호밀가루 등
＊발효 방법: 이스트, 사워도
＊용도: 식사 빵, 샌드위치

재료(1개분)
중종A※1
중종B※2
밀 전립분(밀가루
　812)···350g
물(약 30℃)···210g
발사믹식초···15g
소금···10g
생이스트···1g

※1 중종A
호밀 전립분(호밀가
　루 997)···100g
물(약 20℃)···125g
생이스트···0.1g

※2 중종B
밀 전립분(호밀가루
　812)···50g
물(15~18℃)···25g
생이스트···0.5g

만드는 법

1 중종 A의 재료를 고루 섞은 다음, 실온(약 20℃)에서 10~12시간 발효시킨다.
2 중종 B의 재료를 이긴 다음, 12~16℃에서 12~16시간 발효시킨다.
3 모든 재료를 고루 섞은 다음, 느린 속도로 5분간, 그보다 빠른 속도로 5분간 반죽한다 (반죽 온도 약 25℃).
4 실온에서 60분간 휴지시킨다. 30분 후, 60분 후에 반죽을 폈다가 접는다. 5~6℃에서 8~12시간 휴지시킨다.
5 생지를 봉 모양으로 만들고, 이음새 부분을 밑으로 해서 발효 상자에 넣고 실온에서 90분 발효시킨다.
6 칼집을 몇 군데 넣는다. 스팀을 주입한 250℃ 오븐에 넣고 220℃로 내려 55~60분간 굽는다.

미슈(Misch)란 영어의 믹스. 미슈브로트는 혼합빵을 의미한다. 독일 빵의 종류(→p.186)에 있는 것처럼 빵 이름에 붙어 있는 곡물이 전체의 50~90% 미만을 차지하는 빵이다. 그 이외의 재료로 다른 곡물류를 섞기 때문에 이렇게 부른다. 여기서는 바이첸(Weizen)이라 되어 있는 것처럼 밀가루가 주재료인 미슈브로트이다.

만드는 법은 밀가루나 호밀가루, 그 외 곡물을 어느 비율로 사용하느냐에 따라 각각 다른 빵이 된다. 팽창제도 밀 사워도를 사용하는 것이 있는가 하면 호밀 사워도를 사용한 것도 있다.

언뜻 보기에는 간단해 보이지만 만드는 법에 따라서 개성이 나오는 특징이 있다. 다양한 변형을 만들 수 있는 빵이다.

코미스브로트

Kommissbrot

＊지역: 독일 전역
＊주요 곡물: 호밀, 밀
＊발효 방법: 사워도, 이스트
＊용도: 식사 빵

재료(1개분)

호밀 사워도[1]	※1 호밀 사워도
호밀 전립분…215g	호밀 전립분…145g
밀가루1050…70g	물…145g
물…190g	
소금…9g	
오일…적당량	

만드는 법

1 호밀 사워도의 재료를 고루 잘 섞은 다음, 실온에서 16~20시간 발효시킨다.
2 모든 재료를 합쳐, 주걱 등으로 균일한 상태가 될 때까지 잘 섞는다. 30분간 그대로 놔뒀다가 손으로 가볍게 치댄다.
3 식빵 틀에 넣고 따뜻한 곳에서 2시간~2시간 30분간 발효시킨다.
4 표면에 물(분량 외)을 뿌린 다음, 250℃ 오븐에 넣어 30분간 굽는다.

코 미스(Komiss)란 '군대'라는 의미로, 코미스브로트는 '군대에서 먹는 빵'을 말한다. 이름 그대로 전쟁 시에 군대에서 요긴하게 사용했다. 영양가가 높고 오래 가는 빵을 만들려는 의도로 만든 빵이다. 오랜 옛날부터 전쟁터에서 구웠으며, 제1차 세계대전 때부터는 재료를 주로 전립 호밀가루와 밀가루로 사용했다.

1차, 2차 세계대전 중 식량이 부족했을 때에는 일반 시민에게도 이 빵이 널리 퍼졌다. 호밀가루를 많이 사용한 점에서 코미스브로트는 90% 이상의 호밀가루를 주재료로 하는 로겐브로트, 50~90% 미만의 호밀가루를 사용하는 로겐미슈브로트의 일종이라 할 수 있다.

표면은 거무스름하고 울퉁불퉁한데 속은 미세한 기포가 있는 것이 특징이다.

바우에른브로트

Bauernbrot

* 지역: 독일 전역
* 주요 곡물: 호밀, 밀
* 발효 방법: 사워도, 이스트
* 용도: 식사 빵

재료(1개분)

사워도[*1]
브류슈토크[*2]
호밀가루 1150···180g
스펠트 밀가루1050···100g
물(50℃)···115g
버크(5℃)···30g

※1 사워도

호밀가루···200g
물(50℃)···225g
스타터···40g
소금···4g
생이스트···0.9g

※2 브류슈토크

오래된 빵(잘게 부순 것)···25g
뜨거운 물···75g
소금···6g

만드는 법

1 사워도의 재료를 고루 섞은 다음, 20~22℃에서 12~16시간 발효시킨다(반죽 온도 약 35℃).
2 브류슈토크를 만든다. 오래된 빵과 소금에 뜨거운 물을 뿌려 전체가 묵직해질 때까지 휘젓는다. 랩으로 싸서 60분가량 약 50℃가 될 정도로 식힌다.
3 모든 재료를 가장 느린 속도로 6분간, 그보다 빠른 속도로 1분간 골고루 섞는다(반죽 온도 약 30℃). 45분간 그대로 둔다.
4 반죽을 둥글린 다음, 가루(분량 외)를 뿌린 발효 바구니에 이음새 부분을 밑으로 해서 넣는다. 20~22℃에서 90분 정도 발효시킨다.
5 280℃ 오븐에 넣고, 220℃로 내려 55분가량 굽는다. 2분 후에 스팀을 주입하고 8~10분 후에 스팀을 빼준다.

Tip

이음새 부분을 위로 해서 구워도 좋다. 이음새 부분을 밑으로 했을 때는 결의 모양이 촘촘하고 위로 하면 나뭇결 같은 모양이 크게 들어간다.

바 우에른(Bauer)이란 농부, 농가라는 의미. 바우에른브로트란 '농부, 농가의 빵'을 뜻한다. 옛날에는 농가에서 구운 빵을 동네에 갖고 나가 팔았다. 농가의 빵이라 불리는 건 그 때문이다.

독일에서 규정한 빵의 종류에서는 란드브로트(→p.22)와 마찬가지로 사워도로 부풀린 로겐브로트, 로겐미슈브로트, 바이첸미슈브로트(→p.18) 중의 하나가 된다. 모양은 원형과 타원형이 있으나 원형 쪽이 많다. 표면의 크러스트는 자연스럽게 갈라져 생긴 것, 발효 바구니의 무늬가 붙은 것, 칼집을 넣어 격자 무늬를 만든 것 등 다양하다. 가루가 뿌려져 있으면 갈라진 틈이 눈에 띄어 아름답게 보인다.

이 종류의 빵은 크러스트를 잘 구워 안의 수분을 가둬두는 것이 좋다. 크러스트의 단단한 식감과 향긋함, 탄력이 있고 촉촉한 빵 속의 맛, 양쪽을 즐길 수 있기 때문이다.

크기가 큰 바우에른브로트는 보기에도 맛있어 보인다. 독일 빵집에서는 선반의 가장 위에 몇 kg이나 되는 커다란 바우에른브로트를 올려둔 모습을 여기저기서 볼 수 있다. 거칠고 울퉁불퉁하지만 심플한 대지의 맛이 느껴지는 듯한 빵을 보고 있으면, 커다란 농가의 아저씨가 장작을 피운 가마 오븐에서 빵을 굽고 있는 모습이 떠오른다. 그러나 요즘은 핵가족화되고 싱글 세대가 늘어 이렇게 커다란 빵을 굽는 일은 없는 듯하다.

시골의 빵 굽는 움막에서 구운 바우에른브로트

란드브로트
Landbrot

* 지역: 독일 전역
* 주요 곡물: 호밀, 밀
* 발효 방법: 사워도, 이스트
* 용도: 식사 빵

재료(1개분)
중종※1
밀가루 1050…235g
물…100g
생이스트…6g
벌꿀…7g
소금…7g

※1 중종
스펠트 밀가루 1050…100g
물…100g
생이스트…0.8g

만드는 법
1 중종 재료를 섞어 실온에서 3시간 발효시킨 다음, 냉장고에서 14~18시간 그대로 둔다.
2 모든 재료를 섞은 다음, 가장 느린 속도로 5분, 그보다 빠른 속도로 10~12분 매끄러운 반죽이 될 때까지 치댄다. 커버를 씌워 60분간 발효시킨다.
3 반죽을 둥글린 다음, 가루(분량 외)를 뿌린 발효 바구니에 넣어 60~90분간 발효시킨다.
4 여분의 가루를 뿌린 다음, 스팀을 주입한 250℃ 오븐에 넣어 10분간 굽는다. 스팀을 빼준 다음, 200℃로 내려 다시 30분간 굽는다.

란 드(Land)는 영어 랜드와 같은 어원으로 나라나 토지, 시골이나 지방을 의미한다. 여기서는 시골 빵이라 하는 것이 맞을 듯하다.

바우에른브로트(→p.20쪽)와 이 란드브로트는 독일 전역에서 맛볼 수 있는 빵이지만, 솔직히 겉모습만으로는 구분하기 어렵다. 실제로 엄밀한 구분은 없다. 옛날부터 란드브로트라 불린 빵은 모두 란드브로트다(→p.185). 지방에 따라 혹은 빵집이나 레시피에 따라 로겐브로트가 되기도 하고 로게미슈브로트나 바우에른브로트가 되기도 한다. 그 판단은 빵을 만든 사람에게 달려 있다.

시골 빵인 란드브로트는 지방 빵이라고도 하는데, 지방명이 붙은 란드브로트가 수없이 많다. 옛날부터 있는 것에는 슈바르츠발트, 바이에른, 베를린, 렌, 포메른, 베스타바르트, 슐레지아, 홀슈타인, 라우엔부르크, 파다보른 등이 있다. 다른 지방에도 그 지방의 이름이 붙은 란드브로트가 있으며, 지역뿐만 아니라 빵집마다 각각 레시피가 있기 때문에 한마디로 란드브로트라 해도 그 변형은 무궁무진한 셈이다.

독일은 역사적, 문화적으로 각 지방색이 지금도 농후하게 남아 있는 나라다. 각지에 정착한 다양한 란드브로트에서 고장을 사랑하는 독일인의 마음을 엿볼 수 있다.

바덴 풍 란드브로트의 장식 빵

베를린 풍 란드브로트
Berliner Landbrot

＊지역: 주로 독일 북부
＊주요 곡물: 호밀, 밀
＊발효 방법: 사워도, 이스트
＊용도: 식사 빵, 샌드위치

란드브로트 변형

재료(1개분)

호밀 사워도※1
중종·2
호밀가루
　1370···200g
물···50g
소금···10g
액체 몰트···1작은술

※1 호밀 사워도

호밀가루
　1370···150g
물···150g
스타터···30g

※2 중종

밀가루1050···150g
물···150g
생이스트···0.3g

만드는 법

1 호밀 사워도와 중종을 만든다. 각각 재료를 고루 섞은 다음, 실온에서 16~20시간 발효시킨다.

2 모든 재료를 가장 느린 속도로 5분간, 그보다 빠른 속도로 10분간 고루 섞어 끈적거리는 느낌의 촉촉한 반죽을 만든다. 30분간 휴지시킨다.

3 가루(분량 외)를 뿌린 작업대에서 반원통형으로 둥글린 다음, 발효 바구니에 이음새 부분을 밑으로 해서 넣고 60~90분간 발효시킨다.

4 칼집을 넣고 스팀을 주입한 250℃ 오븐에서 15분간 굽는다. 스팀을 빼주고 200℃로 떨어뜨린 다음 다시 40분간 굽는다.

베 를린이라는 이름이 붙은 것만을 봐도 알 수 있는 것처럼 베를린 풍 란드브로트는 베를린 지역의 빵을 의미한다. 일본의 빵집에서 볼 수 있는 독일 호밀빵의 대표 격이다.

독일 빵의 종류(→p.186)로는 로겐브로트 또는 로겐미슈브로트에 해당한다. 호밀가루를 보다 많이 사용하는 로겐브로트보다도 밀가루가 들어가는 로겐미슈브로트 쪽이 맛이 강하지 않고 식감도 부드럽다.

보통 타원형이며 호밀가루를 뿌려 굽는다. 표면은 갈라져 있는 것도 있고 발효 바구니 자국이 생긴 것도 있다. 크러스트는 그다지 단단하지 않고 탄력이 있으며, 호밀의 깊은 향이 느껴지는 빵이다.

슬라이스해서 치즈나 햄을 올려 먹기도 하고, 요리에 곁들여 식사 빵으로 활용하기도 한다.

슈바르츠발트 풍 브로트
Schwarzwälder Landbrot

* 지역: 독일 남서부 슈바르츠발트 지방
* 주요 곡물: 밀, 호밀
* 발효 방법: 사워도, 이스트
* 용도: 식사 빵, 샌드위치

란드브로트 변형

재료(2/4개분)

사워도※1
밀 사워도※2
물(30℃)···1065g
밀가루
　1050···1600g
밀 전립분···280g
소금···56g

※1 호밀 사워도

호밀가루
　1150···445g
미온수(50℃)··400g
스타터···45g

※2 밀 사워도

밀가루1050···445g
미온수(50℃)··400g
스타터···45g

만드는 법

1 호밀 사워도, 밀 사워도 모두 재료를 섞은
　다음, 20℃에서 18시간 정도 발효시킨다.
　※밀 사워도는 먼저 미온수과 가루를 섞은
　다음, 스타터를 넣는 것이 좋다.
2 모든 재료를 섞어 천천히 5분간 반죽한다
　(반죽 온도 24~25℃).
3 20℃에서 90분간 발효시킨다. 30분마다
　반죽을 접는다.
4 반죽을 절반, 혹은 4등분으로 해서 둥글게
　이겨준다.
5 가루를 뿌린 발효 바구니에 이음새 부분을
　위로 해서 넣고, 커버를 씌워 4℃에서 10시
　간 발효시킨다.
6 이음새 부분을 밑으로 해서 표면에 칼집을
　넣는다. 스팀을 주입한 280℃ 오븐에 넣은
　다음 220℃로 내려, 1개가 1kg인 반죽은 50
　분, 1개가 2.4kg인 반죽은 80분간 굽는다.

Tip
만드는 사람이나 가게에 따라 호밀의 비율이
더 많은 것도 있다.

슈바르츠발트(Schwarzwald)란 '검은 숲'을 의
미하며, 독일 남서부 바덴뷔르템베르크 지방
에 위치하는 숲과 산들이 이어지는 지역을 말한다.
침엽수 특히 독일 가문비나무가 많아, 진한 녹색의
숲이 검게 보여서 붙은 이름이다. 과자를 좋아하는
사람이라면 알고 있을지도 모르는, 슈바르츠발트 키
르슈토르테로도 유명한 곳이다.
　같은 란드브로트라도 북부의 베를린 풍 란드브로트
(→p.24)는 호밀이 주재료인데 반해 슈바르츠발트 풍
은 밀가루가 주재료다. 북부보다 남부의 밀 생산이

많기 때문일 것이다.
　크러스트는 딱딱하고 속은 미세하고 고른 기포가
있어 탄력 있는 질감이 느껴지는 빵이다. 이 빵에는
역시 슈바르츠발트의 명산, 슈바르츠발트 싱겐이나
베이컨을 곁들여 먹는 것이 좋다. 전나무 장작으로
훈제하여 적당히 간이 밴 햄은 버터를 바른 란드브로
트와 잘 맞는다. 같은 지역의 명산물, 숲의 침엽수에
서 채취한 벌꿀을 발라 먹어도 맛있다.

폴콘브로트
Vollkornbrot

* 지역: 독일 전역
* 주요 곡물: 밀, 호밀
* 발효 방법: 이스트, 사워도
* 용도: 식사 빵

재료(1개분)
중종[※1]
밀 전립분…570g
물(30℃)…495g
생이스트…8g
소금…11g

※1 중종
밀 전립분…108g
물…105g
생이스트…4g
소금…4g

만드는 법
1 중종의 재료를 손으로 잘 섞은 다음, 5℃에서 3일간 발효시킨다.
2 모든 재료를 가장 느린 속도로 15분간, 그보다 한 단계 빠른 속도로 4분간 반죽한다. 볼에 달라붙지 않을 정도가 좋다(반죽 온도 약 27℃).
3 24℃에서 60분간 발효시킨다. 20분 후, 40분 후에 잘 폈다가 접는다.
4 반죽을 둥글린 다음 24℃에서 45분간 발효시킨다. 가루(분량 외)를 뿌린 발효 바구니에 이음새 부분을 위로 해서 넣는다.
5 스팀을 충분히 주입한 250℃ 오븐에 넣고 220℃로 내려 50분가량 굽는다.

Tip
여기서 소개하는 것은 폴콘브로트 중 밀가루를 많이 사용하는 바이첸폴콘브로트다. 호밀가루를 많이 사용하는 로겐폴콘브로트도 있다.

폴 콘(Vollkorn)의 폴(Voll)은 영어의 full, 즉 '가득하다'는 의미다. 콘(korn)은 영어의 corn, grain으로 곡물을 뜻한다. 폴콘은 직역하면 전립곡물이라는 의미이다. 곡물의 겨와 밀기울을 남기지 않고 사용하기 때문에 정제된 곡물보다 식이섬유나 비타민 B군, 미네랄이 풍부하여 건강에 좋다. 독일 빵은 건강빵이라는 이미지가 있고 실제로 그렇지만, 그 중에서도 으뜸가는 것이 이 전립분빵, 폴콘브로트라 할 수 있다.

다만 폴콘브로트의 경우 어느 곡물이든 전립분이라고 좋은 것은 아니다. 독일 빵 종류(→p.186)에는 전립 밀가루와 전립 호밀가루를 90% 이상 사용한 빵으로 규정되어 있다.

물론 빵에 따라 밀가루와 호밀가루의 비율은 달라진다. 폴콘브로트(Vollkornbrot) 앞에 밀가루(Weizen)나 호밀가루(Roggen)가 붙으면 각각의 곡물이 90% 이상 사용되었음을 의미한다.

흰 빵은 정제기술을 필요로 하는데다 식감이 보다 부드러워 오랜 기간 고급빵으로 여겼다. 그만큼 서민에게는 먹고 싶은 빵이기도 했다. 그러나 사람들의 생활이 풍족해지고 영양학과 식품화학이 발전하면서 겨나 밀기울이 건강에 좋다고 알려지자 19세기경부터는 전립곡물 빵이 권장되었다. 현재는 일부러 이런 빵을 고르는 사람이 많은 것이 사실이다.

이 전립분 빵의 종류에 해당하는 빵도 변형이 많다. 이 책에서 소개하는 그레이엄브로트(→p.41)나 펌퍼니켈(→p.46) 등도 이 범주에 속한다. 주요 곡물은 호밀, 밀이지만 스펠트 밀가루를 사용하는 딩켈폴콘브로트(→p.54)도 있다.

시판중인 밀 전립분(바이첸폴콘브로트메르)

사진 제공: Rudolf Boehler

빵을 먹으며 휴식을 즐기는 '브로트차이트'

빵의 나라, 독일에서나 맛볼 수 있는 빵 먹는 시간

브로트차이트의 소형 빵인 뮌헨 브로트차이트젬멜

이 책에서는 100여 종의 독일 빵을 소개했다. 하지만 이것은 독일 빵의 극히 일부에 지나지 않는다. 독일에는 실로 엄청난 종류의 빵이 있다. 독일 사람들은 그 정도로 빵을 많이 먹는다는 증거이기도 하다. 독일에는 세끼 외에 가벼운 식사를 하는 습관이 있는데, 이때도 빵을 먹는 일이 많다. 빵을 이토록 좋아하는 이 식습관은 어디서 생긴 것일까.

빵이 있는 경식(輕食), 그 이름도 '빵의 시간'

독일 남부 바이에른, 프랑켄, 튀링겐 주의 일부에는 '브로트차이트'라 불리는 식습관이 있다. 직역하면 '빵의 시간'이라는 의미다. 다시 말하면 세끼 식사 외에 먹는 '가벼운 식사'라는 뜻으로 오후의 경식(輕食)이나 빵을 중심으로 콜드 밀(cold meal)로 때우는 식사를 가리킨다. 이 '빵의 시간'을 표현하는 말은 각 지방마다 다르다. 먹는 시간도 오전에 '빵의 시간'을 갖는 경우가 있는가 하면 오후에 가질 수도 있다.

브로트차이트에는 빵, 햄, 소시지류, 각종 치즈를 먹는다. 여기에 생야채나 피클이 추가되기도 한다. 육가공품 대국인 독일에는 햄이나 소시지 종류가 많다. 물론 브로트차이트에도 색과 모양, 맛, 식감이 다른 다양한 육가공품이 등장한다. 치즈도 슬라이스나 커트한 자연 치즈가 있는가 하면 허브를 섞은 크림치즈 딥 등 다양한 종류가 있다. 이것을 빵과 함께 먹는다.

일본에는 밥에 맛있는 반찬이 있는 것처럼 독일에는 빵과 함께 먹는 식재료가 풍부하다. 그리고 빵과 함께 마시는 음료라면 역시 맥주를 먼저 꼽을 수 있다.

바이에른의 맥주 양조장 겸 레스토랑이 내놓은 브로트차이트 프라테. 두 줄로 늘어놓은 맥주잔 위에 튼실한 목제 판을 놓고 그 위에 음식을 예쁘게 담아 놓았다. 앞에 흰 그릇에 들어 있는 것은 볶은 양파를 섞은 라드. 안쪽에 있는 래디시도 전형적인 뮌헨의 브로트차이트에 빼놓을 수 없는 야채다.

대접도, 야외에서도 빵과 함께

날씨가 좋은 주말 오후에는 야외에서 이런 가벼운 식사를 하며 여유를 즐기는 사람들도 많다. 브로트차이트에 등장하는 빵이나 식품가공품, 치즈는 하이킹이나 피크닉 도시락에도 제격이다.

빵은 일상의 경식으로 먹을 뿐 아니라 손님이 왔을 때도 빼놓을 수 없는 음식이다. 손님에게는 화려하게 차린 브로트차이트프라테(프라테: Platte. 판, 플레이트의 뜻)를 내놓는다.

비어가든에서도 맥주를 마시면서 브로트차이트를 즐기는 사람이 많다. 비어가든은 원래 맥주만 제공하는 장소이기 때문에 비어가든에 자신이 준비한 음식을 들고 갈 수가 있다.

'빵의 시간'의 소형 빵

뮌헨에는 브로트차이트의 소형 빵이라 불리는 빵이 몇 가지 있다. 이 빵을 통틀어 뮌헨 브로트차이트젬멜이라 한다. 이 책에서 소개하는 페니히무켈(→p.106)도 그 하나다.

옛날, 아침 일찍부터 일을 하던 직장인들은 점심시간이 되기 전에 배가 고프기 때문에 경식을 먹는 습관이 있었다. 지금도 학교나 직장에서는 10시 경에 휴식 시간을 갖고 가볍게 스낵을 먹기도 한다.

이른 아침부터 일하는 직장인들을 위해 만든 빵이 바로 브로트차이트의 소형 빵이다. 육체노동을 하는 직장인들의 공복을 채우는 데는 많은 양이 필요했기 때문에 2개가 붙어 있는 경우가 흔하다.

독일 빵과 독일의 식문화를 알고 즐기려면 브로트차이트는 빼놓을 수 없다.

사진 제공: Rudolf Boehler

1 전형적인 바이에른 풍 브로트차이트 테이블. 빵은 바구니에, 햄, 소시지는 나무판에 올려놓는다. 오른쪽에 있는 것이 오바츠타(Obatzter)라 하는 까망베르치즈 딥이다. 물론 맥주도 함께 한다.
2 뮌헨 브로트차이트젬멜로 하는 아침 식사. 프레스자크(Pressack)라는 소시지에 무(뮌헨 방언으로 라디:Radi)를 곁들인다.
3 뮌헨 브로트차이트젬멜. 오른쪽에서부터 페니히무켈. 중앙에 있는 것이 리미쉐(Riemische), 중앙 아래에 있는 것이 슈아스타밤(Schuastabam), 왼쪽이 마우어라이베얼(Mauerlaiberl)이다. 모두 2개가 붙어 있다. 호밀가루를 사용했다는 점, 캐러웨이 씨가 뿌려 있다는 점도 이 빵의 특징이다.

홀초펜브로트
Holzofenbrot

* 지역: 독일 각지
* 주요 곡물: 호밀, 밀
* 발효 방법: 사워도, 이스트
* 용도: 식사 빵

재료(2개분)
사워도※1
호밀가루1370···600g
밀가루1050···400g
물···800㎖
생이스트···16g
소금···32g

※1 사워도
호밀가루1370···300g
밀가루1050···400g
물···250㎖
스타터···10g

만드는 법
1 사워도의 재료를 잘 섞은 다음, 커버를 씌워 18~24시간 발효시킨다.
2 모든 재료를 고루 섞은 다음, 천천히 15분간 반죽한다. 실온에서 30~40분 발효시킨다.
3 반죽을 2등분해 둥근 모양 혹은 타원형으로 성형한다. 가루(분량 외)를 뿌린 발효 바구니에 넣어 50분 정도 발효시킨다.
4 장작 가마에서 2시간 이상 굽는다.

홀초펜(Holzofen)이란 장작 가마, 즉 장작 스토브를 가리킨다. 오늘날 빵을 굽기 위한 도구라 하면 오븐이다. 소재나 크기, 데우는 방법, 열전도 기능 등 선택지가 많다. 하지만 예전에는 아날로그식밖에 없었다.

그게 바로 가마다. 벽돌을 쌓아올리고 점토에 짚과 물을 넣고 개서 발라 만든 가마. 이 가마에 장작을 연료로 써서 빵을 구웠다.

장작 가마를 사용할 때는 장작에 불을 지펴 안에 넣는다. 그렇게 해서 가마 안에 불타는 장작을 펼쳐 놓고 1시간이나 그 이상 지난 다음 꺼낸다. 막대에 젖은 천을 감아 남은 장작을 닦아 가마 안을 깨끗이 한 다음에 빵 반죽을 넣고 굽는다. 이렇게 해서 만들어진 것이 홀초펜브로트이다. 가마 안을 닦는 막대는 베카파네(Bäkerfahne: 빵집의 깃발)라고 한다.

장작 가마에 굽는 빵은 수분의 양이 많은 반죽도 굽기 쉬운 것이 특징이다. 가마에 구우면 향긋한 크러스트가 생기면서도 빵 속은 촉촉하다. 빵이 오래가고 자연의 사워도로 정성들여 구운 장작 가마 빵은

2주일 정도나 가는 빵도 있다.

또한 장작 가마는 빵을 구운 후에도 열기가 남는다. 이것을 이용해 사과나 서양배, 프룬을 건조시키기도 했다. 선인들의 지혜를 엿볼 수 있는 대목이다.

가마를 사용했던 당시의 자취를 남긴 빵은 이 외에 부터쿠헨(→p.175) 같은 케이크와 플람쿠헨(→p.78)이 있다. 이들 빵은 불의 세기를 확인하기 위해 시험삼아 굽는 경우가 많았다. 구워지는 정도를 보고 빵을 굽기에 적절한 온도인지 가늠했던 것이다.

장작 가마(홀초펜). 크기와 디자인은 가지각색이다. 상부의 큰 문을 열고 빵을 넣고 꺼낸다. 가운데의 서랍은 그을음이나 재를 긁어모으기 위한 것이다.

그라우브로트

Graubrot

* 지역: 독일 각지
* 주요 곡물: 호밀, 밀
* 발효 방법: 사워도
* 용도: 식사 빵

재료(2개분)

호밀 사워도[※1]
쿠베르슈토크[※2]
쿠베르슈토크(오토리즈 반죽)[※3]
호밀가루1150…450g
물(45℃)…170g
생이스트…10g

※1 호밀 사워도

호밀가루1150…250g
물…220g
스타터…50g
소금…5g

※2 쿠베르슈토크

오래된 빵(건조시켜 부순 것)…100g
물…200g
소금…14g

※3 쿠베르슈토크(오토리즈 반죽)

밀가루1050…300g
물…200g

만드는 법

1 호밀 사워도의 재료를 잘 섞은 다음, 20℃에서 20시간 발효시킨다.
2 쿠베르슈토크를 만든다. 재료를 고루 섞은 다음 18℃에서 8~12시간 불린다.
3 쿠베르슈토크(오토리즈 반죽)를 만든다. 재료를 잘 섞어 60분 불린다.
4 모든 재료를 천천히 6분간 치대서 좀 단단한 반죽을 만든다(반죽 온도 26℃). 24℃에서 40분간 발효시킨다.
5 반죽을 2등분해 길쭉한 모양으로 성형한다.
6 발효 바구니에 이음새 부분을 위로 해서 넣고 24℃에서 70분 발효시킨다.
7 이음새 부분을 아래로 해서 표면에 물(분량 외)을 바르거나 뿌린다.
8 280℃ 오븐에 넣고 200℃로 내린 다음, 스팀을 충분히 주입하고 45분간 굽는다.
9 다 구워지면 즉시 물(분량 외)을 분사한다.

그라우(Grau)는 그레이, 즉 회색이라는 의미다. 그라우브로트란 회색빛 빵으로, 흰빵과 검은 빵 사이에 속하는 빵이다. 밀가루 100% 또는 이에 가까운 빵은 흰색이므로 바이스브로트(→p.16)이고, 호밀의 비율이 높은 빵은 거무스름하기 때문에 슈바르츠발트(→p.42)이며, 그 사이에 있는 것이 이 그라우브로트이다. 엄밀하게 말하면 빵이 회색으로 보이지는 않지만 흰색과 검정색 사이라는 뉘앙스가 다분히 내포되어 있다.

밀가루 100% 빵과 거의 호밀가루로 만든 빵의 중간에 있는 빵은 독일의 빵 종류에서는 혼합빵을 의미하는 미슈브로트라는 이름이 붙는다. 미슈브로트의 다른 이름이 바로 그라우브로트다. 미슈브로트가 곡물의 비율에 따른 이름이라면 그라우브로트는 빵의 빛깔로 분류해 붙인 이름이다.

빵에 어떤 이름을 붙일지는 빵집에서 정하기 나름이라서 그라우브로트로, 미슈브로트로 혹은 완전히 다른 이름이 붙을 수도 있다.

대표적인 그라우브로트, 혹은 미슈브로트에는 지방의 이름이 붙은 것도 적지 않다. 지방의 이름이 붙인 빵에는 파더보른, 오버랜트브로트, 바이에른 하우스브로트, 바르부르크, 카젤 등이 있다. 이들 빵은 모양 혹은 호밀과 밀가루 비율에 특징이 있다.

아우스게호베네스
바우에른브로트
Ausgehobenes Bauernbrot

＊지역: 주로 독일 중남부
＊주요 곡물: 호밀, 밀
＊발효 방법: 호밀 사워도
＊용도: 식사 빵

재료(7개분)

밀가루1050···1kg	소금···60g
호밀가루···1kg	물···1.6kg
사워도···1kg	
생이스트···50g	

만드는 법

1 모든 재료를 섞어 반죽한 다음(반죽 온도는 27~28℃), 15분간 놔둔다.
2 좀더 반죽한 다음, 2배 정도로 부풀 때까지 30~45분간 발효시킨다.
3 물 묻은 손으로 반죽을 떼서 둥글린 다음 5분 정도 휴지시킨다.
  ※눈대중으로 떼서 7개의 빵을 만든다.
4 250℃ 오븐에 넣고 10분 지나면 200℃로 내려 50분가량 굽는다.

Tip

성형할 때는 양손에 물을 잘 적신다. 반죽을 뗀 다음에는 만지작거리지 않고 재빨리 둥글린다.

아 우스게호베네스(Ausgehobenes)란 '파내다'라는 의미의 동사 아우스헤벤(ausheben)의 수동형이다. 반죽이 아주 부드러워 살짝 손으로 반죽을 '파내는' 듯한 동작을 한다 해서 아우스게호베네스라는 이름이 붙었다. 이 빵의 정식명은 아우스게호베네스 바우에른브로트지만, 아우스게호베네스라고 줄여 부르기도 한다.

아주 부드러운 반죽이라서, 한 번 이겨서 발효시키면 충분하기 때문에 보통 빵에 필요한 최종 발효 과정을 거치지 않는 것이 특징이다. 재료가 적고 간단히 만들 수 있는 빵이지만 크러스트가 확실하고 속은 촉촉하며 탄력이 있어 남녀노소를 불문하고 애호가가 많다. 가루의 배합은 다양하다. 밀가루를 주재료로 쓰는 경우가 있는가 하면 호밀가루를 많이 사용하는 경우도 있다.

빵집에서는 대부분 크게 만든 것을 1/2이나 1/4로 잘라 판매한다.

게네츠테스 브로트

Genetztes Brot

* 지역: 독일 남부, 특히 슈바벤 지방
* 주요 곡물: 호밀, 밀
* 발효 방법: 호밀 사워도
* 용도: 식사 빵

재료(1개분)

중종※1	※1 중종
밀가루1050	밀가루1050
···240g	···100g
호밀가루1150···20g	물···100g
생이스트···8g	생이스트···2g
물···185g	
호밀 유래 스타터	
···35g	
소금···9g	

만드는 법

1 중종 재료를 고루 섞은 다음, 실온에서 16~18시간 발효시킨다.
2 모든 재료(이때 물은 분량 속의 130g)를 가장 느린 속도로 3분, 그보다 빠른 속도로 6분, 물 25g을 넣고 천천히 2분, 빠르게 해서 3분간 반죽한다. 나머지 물 30g을 넣고 다시 2~3분 반죽한다. 24℃에서 90분 정도 발효시킨다.
3 물을 묻힌 양손으로 형성한 다음, 즉시 250℃ 오븐에 넣는다. 200℃로 내리고 스팀을 주입해 50분간 진한 갈색으로 굽는다.

게 네츠테스 브로트는 아인게네츠테스 브로트(Eingenetztes Brot)라고도 하며 브로트를 생략하고 게네츠테스 또는 아인게네츠테스라고 하기도 한다.

빵 이름인 Genetztes란 '적시다' '축이다'라는 의미의 동사 netzen의 수동형이다. 이 빵은 '적신 빵'이라는 의미다. 실제로 빵을 만드는 공정에서 발효시킨 반죽의 표면을 적셔 젖은 손으로 성형한다.

잘 구워진 빵의 표면은 광택이 있고 매끄럽다. 심플하지만 씹을 때마다 깊은 맛이 느껴지는 빵으로 오래 간다.

비어브로트
Bierbrot

* 지역: 독일 각지
* 주요 곡물: 호밀, 밀
* 발효 방법: 사워도, 이스트
* 용도: 식사 빵

재료(3개분)

사워도[*1]

밀가루 1050
　　···1000g
호밀가루1150
　　···1000g
맥주···1400g
소금···45g
생이스트···60g

※1 사워도

밀가루 550···250g
맥주···150g
스타터···50g

만드는 법

1 사워도의 재료를 고루 섞은 다음, 18~20
　 시간 발효시킨다.
2 모든 재료를 잘 섞어 8분 정도 잘 반죽한
　 다. 커버를 씌워 30분 정도 발효시킨다.
3 반죽을 3등분해서 둥글게 성형한다. 커버를
　 씌워 30분 정도 발효시킨다.
4 표면에 물(분량 외)을 바르고 몇 군데 구멍
　 을 낸다.
5 260℃ 오븐에 넣고 200℃로 내려 60~70
　 분간 굽는다.

독일 하면 가장 먼저 떠오르는 음료는 맥주다. 독일 사람들은 맥주를 빵과 함께 즐기기도 하지만, 요리에도 다양하게 사용한다. 예전에는 먹다 남은 맥주에 빵 등을 불린 다음 익혀서 죽처럼 먹기도 했다. 현재도 맥주를 생선 튀김옷에 사용하기도 한다.

빵에도 맥주를 사용한다. 빵의 타입도, 사용하는 맥주도 다종다양하지만, 대개는 그 지역의 맥주를 사용한다. 맥주는 맛이 담백한 것보다는 맥즙(麥汁)의 농도가 높은 독특한 타입을 많이 사용한다. 빵의 맛과 풍미를 풍부하게 만들기 때문이다. 직접 만들 경

우에는 여러 종류를 섞어 보는 것도 재미있을 듯하다. 빵 반죽의 재료인 밀가루와 호밀가루의 밸런스도 생각해 여러 가지로 시도해 보면 자기 나름의 배합을 찾을 수 있지 않을까.

독일에서는 맥주를 '액체 빵'이라 부른다. 예전에는 맥주가 기호식품이라기보다 중요한 영양원이었다. 빵과 맥주도 곡물을 원료로 한다. 중세시대에는 각 가정에서 맥주도 만들었을 만큼 오래 전부터 독일인의 식생활에 빼놓을 수 없는 식량이었던 셈이다.

맥주와 빵이 어우러진 비어브로트는 가장 독일 빵다운 빵이기도 하다.

게어스터브로트
(게어스텔브로트)
Gersterbrot(Gerstelbrot)

＊지역: 독일 북부 하노버와 주변, 브레멘
＊주요 곡물: 호밀, 밀
＊발효 방법: 사워도
＊용도: 식사 빵, 샌드위치

재료(5개분)

사워도※1		※1 사워도	
호밀가루···1200g		호밀가루1150	
밀가루···512.5g		···800g	
생이스트···37.5g		물···640g	
소금···50g		스타터···80g	
물···950g			

만드는 법

1 사워도의 재료를 고루 섞은 다음, 26℃에서 16~20시간 발효시킨다.
2 모든 재료를 섞고 천천히 8분 반죽한다. 커버를 씌워 20분 정도 발효시킨다.
3 5개로 나눠 반원통형으로 성형한다. 표면에 물(분량 외)을 바르고 가스버너 등 직화로 표면을 달군다. 식빵 틀에 넣어 30~40분간 발효시킨다.
   ※직화로 표면을 구울 때는 반점 같은 달군 자국을 내면 좋다.
4 스팀을 주입한 280℃ 오븐에 넣은 다음, 200℃로 떨어뜨리고 60분가량 굽는다.

게 어스텐브로트(Gerstenbrot)(→p.56)의 게어스테(Gerste)와 이 빵의 게어스터(Gerster)는 비슷한 말이지만 의미는 전혀 다르다. 게어스테는 '보리'를 뜻하지만, 게어스터는 게어스턴(Gerstern, 또는 게어스텔른:Gersteln)이라는 동사에 유래된 말로 빵의 표면에 직화로 구워 색을 내는 방법을 말한다. 그렇기 때문에 보리와는 관계가 없고 재료에 보리를 사용하는 일도 없다. 게어스터브로트를 만들 때 사용되는 주재료는 호밀가루이다.

원래는 직화 가마에서 구워졌으며 빵의 표면에 불꽃에 닿아 생긴 듯한 무늬가 있다. 현재는 가스버너와 같은 도구를 사용해 자국을 낸다. 예전에는 표면에 라드를 발라 구워 향긋한 향이 나는 캐러멜 색의 빵을 만들었다. 지금은 심플하게 물만 바르는 것이 보통이다. 이 빵의 특징은 역시 굽는 방법에 따라 생기는 반점 같기도 하고 마블 같기도 한 무늬다. 언뜻 색다르고 좀 탄 듯한 반점이 어떤 맛일지 먹어보고 싶어지는 빵이다. 그림 형제는 〈독일어사전〉에 게어스터브로트를 다음과 같이 표현해놓았다. "짚으로 만든 모프를 물에(일부 달걀흰자로) 적신 다음, 빵에 발라 윤기를 내고 맛있어 보이는 모양을 만든다." 보기만 해도 식욕이 솟게 하는 빵이다.

메어콘브로트
Mehrkornbrot

* 지역: 독일 전역
* 발효 방법: 사워도, 이스트
* 주요 곡물: 호밀, 밀
* 용도: 식사 빵, 샌드위치

재료(1개분)
호밀 사워도[*1]···200g
밀 사워도[*2]···200g
브류슈토크[*3]
호밀 전립분···100g
밀 전립분···100g
호밀 몰트···5g
※1 호밀 사워도
호밀가루1150···100g
물···100g
스타터···20g

※2 밀 사워도
밀가루1050···100g
물···100g
스타터···20g
※3 브류슈토크
5종류 곡물 거칠게 빻은
　것(중간)···100g
7종류 혼합곡물···50g
물···150g
소금···10g

만드는 법
1 호밀 사워도의 재료를 잘 섞은 다음, 커버를 씌워 22~23
　℃에서 16~18시간 휴지시킨다.
2 브류슈토크를 만든다. 물을 끓인 다음 다른 재료를 넣고,
　5시간 이상 불린다.
3 모든 재료를 섞어 천천히 10분, 중간 속도로 5분 이겨, 끈
　적거리지만 모양을 만들 정도의 반죽을 만든다. 30분간
　휴지시킨다.
4 반죽을 접어 평평한 사각형을 만든다. 한 변을 1/3의 폭이
　되는 곳에서 접고, 맞은편 한 변을 거기에 겹치게 접는다.
　가볍게 반죽을 둥글려 모양을 다듬은 다음, 발효 바구니에
　접은 쪽을 밑으로 해서 넣는다. 45~60분간 발효시킨다.
5 충분히 스팀을 주입한 250℃ 오븐에서 15분간, 스팀을 멈
　춘 210℃에서 25분간 굽는다.

Tip
사진처럼 아마나 참깨, 해바라기씨를 표면에 붙여 구우면 보기
에도 좋고 식감과 맛도 좋다. 반죽을 2등분해서 구워도 좋다.

어(Mehr)는 영어의 more, 콘(Korn)은 곡물
이라는 의미로, 메어콘브로트는 여러 곡물이
들어간 빵을 말한다. 호밀가루나 밀가루, 밀기울은
물론 스펠트 밀, 보리, 귀리, 쌀, 피(식물) 등을 넣고
해바라기씨나 아마씨, 참깨 등을 추가한 잡곡빵이다.
이런 씨앗류가 들어간 빵이 많은 것도 독일 빵의 특
징 중 하나다. 일본에서 잡곡이 건강에 좋다는 평이
나 있듯이 독일에서도 메어콘브로트는 건강빵으로 정
착되어 있다. 메어콘브로트의 정의는 빵용 곡물이 최

저 한 종류, 그 이외의 곡물이 적어도 한 종류, 합계
세 종류의 곡물을 사용해야 하고 각 곡물이 5% 이상
함유되어야 한다고 되어 있다. 메어콘브로트는 건강
빵일 뿐 아니라 맛있는 빵이기도 하다. 여러 알곡이
들어가 보기에도 식욕을 자극하고 실제로 먹었을 때
의 식감도 색다르다. 메어콘브로트는 만드는 사람에
따라 물이 아닌 버터밀크를 사용하기도 하고, 마늘을
잘게 썰어 넣기도 한다. 치즈 등 단백질과 야채를 조
합해 먹으면 골고루 영양분을 섭취할 수 있다.

피어콘브로트

Vierkornbrot

* 지역: 독일 전역
* 주요 곡물: 호밀, 밀
* 발효 방법: 사워도, 이스트
* 용도: 식사 빵, 샌드위치

재료(1개분)

쿠베르슈토크※¹
밀가루550···134g
밀 전립분···107g
호밀 전립분···27g
물···107g
아마인유
　(亞麻仁油)···14g
달걀···1개
생이스트···7g
귀리 플레이크···
　적당량

※1 쿠베르슈토크
입자가 큰 귀리 플레
이크···32g
아마인(亞麻仁)
　···32g
밀기울···21g
세몰리나···21g
물···134g
소금···8g

만드는 법

1 쿠베르슈토크의 재료를 잘 섞어 2시간 이상 불린다.
2 귀리 플레이크 이외의 재료를 가장 느린 속도에서 3분, 그보다 빠른 속도로 3분, 글루텐이 어느 정도 형성될 때까지 반죽한다. 냉장고에서 10~12시간 휴지시킨다. 그 사이 2, 3회 가스를 빼준다.
3 막대 모양으로 밀어 귀리 플레이크를 뿌린 틀에 넣는다. 표면에도 플레이크를 뿌려 실온에서 60~90분간 발효시킨다.
4 스팀을 주입한 250℃ 오븐에서 20분간 굽는다.

피 어(Vier)는 4를 말한다. 따라서 이 피어콘브로트에는 4종류의 곡물이 들어간 빵이란 것을 알 수 있다. 메어콘브로트(→p.38)도 복수의 곡물이 들어가지만, 그 수를 명기한 것이 이 피어콘브로트다. 들어 있는 곡물류의 수에 따라 각각 드라이콘 (Dreikorn: 3가지 곡물), 퓐프콘(Füfkorn: 5가지 곡물), 제크스콘(Sechskorn: 6가지 곡물)이라고 한다.
　피어콘브로트의 정의는 메어콘브로트와 마찬가지로 빵용 곡물이 적어도 1종류, 그 이외의 곡물이 적어도 1종류, 합계 3종류의 곡물을 사용해야 하며, 각 곡물이 5% 이상 함유되어 있어야 한다고 되어 있다. 곡물의 종류도 밀, 호밀, 스펠트 밀, 보리, 귀리, 쌀, 피 등을 레시피에 따라 골라 사용한다. 귀리 등은 압맥 (납작보리)의 상태로 사용하는 일이 많다.
　여러 가지 곡물이 들어가는 것보다 적당하게 들어가는 것을 좋아하는 사람에게는, 3종류의 곡물은 사용하는 드라이콘브로트나 4종류의 곡물을 사용하는 이 피어콘브로트 정도가 균형 면에서도 좋다.

로겐슈로트브로트
Roggenschrotbrot

* 지역: 주로 독일 북부
* 주요 곡물: 호밀
* 발효 방법: 사워도
* 용도: 식사 빵, 샌드위치

재료(1개분)

사워도※1
브류슈토크※2
호밀가루1370
  …250g
뜨거운 물(100℃)
  …75g

※1 사워도
호밀 전립분…175g
물(50℃)…175g

소금…4g
스타터…35g

※2 브류슈토크
거칠게 빻은 호밀가
  루(중간)…75g
물(100℃)…150g
소금…9g

만드는 법

1 사워도의 재료를 잘 섞어 실온(약 20~22
  ℃)에서 12~16시간 발효시킨다.
2 브류슈토크를 만든다. 모든 재료를 고루 섞
  은 다음, 표면을 랩으로 씌워 실온에서
  8~16시간 불린다.
3 브류슈토크와 뜨거운 물을 고루 섞은 다음,
  그 이외의 재료를 넣어 끈적끈적한 반죽을
  만든다.(반죽 온도 약 29℃). 실온에서 30
  분간 휴지시킨다.
4 반죽을 둥글린 다음 틀에 넣는다. 실온에서
  60분간 발효시킨다.
5 스팀을 주입하지 않은 230℃ 오븐에 넣고
  220℃로 내려 55분가량 굽는다.

Tip
사진과 같이 칼집을 내서 구워도 되고, 반죽을
2등분해서 구워도 된다.

슈로트(Schrot)란 거칠게 빻은 곡물가루를 가리킨다. 슈로트는 크게 나눠 '샤프'와 '소프트'가 있는데, 샤프는 가루 비율이 적어 빻았을 때 알갱이 단면이 날카로운 데 반해 소프트는 가루 비율이 높아 자른 단면이 둥글다. 이 '샤프'와 '소프트'는 빻는 방법에 따라 다시 4단계로 이 나뉜다. 곱게 빻은 것과 중간, 거칠게 빻은 것, 아주 거칠게 빻은 것이 있으며, 각 용도에 맞게 사용하기도 하고 종류를 섞어 사용하기도 한다.

제빵용 슈로트는 백슈로트(Backschrot)라고 하기도 한다. 독일의 가루 구분에서 밀가루는 타입1700, 호밀가루는 타입1800에 해당한다(→p.190). 백슈로트에는 배아가 포함되지 않는다. 그러니까 전립이 아니다. 배아를 포함하는 전립 슈로트는 폴콘슈로트가 된다. 배아가 포함되면 배아의 유분이 있기 때문에 오래가지 못한다. 그 때문에 백슈로트 쪽이 취급하기 쉽지만 최근에는 폴콘슈로트 쪽이 증가하는 듯하다.

슈로트는 섬유질뿐 아니라 미네랄 필수 지방산 등이 함유되어 있어 건강에 좋은 빵이다.

호밀 슈로트는 이 로겐슈로트브로트나 호밀의 비율이 높은 슈바르츠브로트(→p.42)에 빼놓을 수 없는 재료다.

그레이엄브로트
Grahambrot

＊지역: 독일 전역
＊주요 곡물: 밀, 호밀
＊발효 방법: 사워도
＊용도: 식사 빵, 샌드위치

재료(1개분)

사워도[*1]

호밀가루1370
···600g
거칠게 빻은 밀가루
(고운 것~
중간)···565g
미온수①(45℃)
···200g
미온수②(30℃)
···200g
소금···15g

※1 사워도

거칠게 빻은 밀가루
(고운 것~
중간)···150g
물(45℃)···150g
스타터(여러 번 다시
데운 것)···75g

만드는 법

1 사워도의 재료를 잘 섞어 27~28℃에서 3~4시간 발효시킨다. 그 후 5℃에서 5~12시간 둔다.
2 사워도, 거칠게 빻은 밀가루, 미온수①을 천천히 15분간 반죽한다. 미온수②와 소금을 추가하고 빠른 속도로 8분간 이겨 부드러운 반죽을 만든다(반죽 온도 27℃ 정도).
3 27~28℃에서 2시간 정도 발효시킨다. 60분 지난 후 반죽을 늘렸다가 접는다.
4 반죽을 틀에 넣고 27~28℃에서 90~120분간 발효시킨다.
5 스팀을 주입한 230℃ 오븐에 넣고 180℃로 내려 60분가량 굽는다.

Tip
반죽을 2등분해서 구워도 좋다.

독 일에서는 드물게 그레이엄(Graham)이라는 영어 이름이 붙은 빵이다. 그도 그럴 것도 이 빵은 미국 선교사 실베스터 그레이엄(Sylvester Graham/1794~1851)에서 이름을 따온 것이다. 그레이엄 크래커나 그레이엄 비스킷을 알고 있는 사람도 있을 것이다. 이 크래커나 비스킷도 그레이엄의 이름이 붙었다. 그레이엄은 선교사였으나 영양이론을 전개해 채식주의 운동도 벌였다.

당시 고급 취급을 했던 밀가루로 만든 흰 빵보다 밀기울을 넣은 전립 빵이 건강빵임을 주장하며 1829년에 그레이엄이 개발한 것이 이 빵이다. 거칠게 빻은 밀의 전립분을 사용해 이스트나 사워도 같은 효모를 사용하지 않고 자연발효해서 만들었다. 위가 약한 사람이 먹으면 좋은 빵이라 한다.

전립분의 향긋한 향과 거칠게 빻은 밀가루의 식감을 즐길 수 있는 빵이기도 하다. 딱딱하지 않아 단단한 빵을 싫어하는 사람에게 권할 만하다.

슈바르츠브로트
Schwarzbrot

* 지역: 주로 독일 북부, 기타 지역
* 주요 곡물: 호밀
* 발효 방법: 사워도
* 용도: 식사 빵

재료(1개분)
사워도[*1]
코호슈토크[*2]
호밀가루1150···113g
밀가루1050···70g
스펠트 밀가루1050···110g
소금···8g
생이스트···9g
사워도[*1]

※1 사워도
호밀가루1150···163g
물···177g
스타터···20g

※2 코호슈토크
스펠트 밀···70g
호밀···70g
오래된 빵···36g
호밀 몰트···10g
식물성 기름···11g
뜨거운 물···180g

만드는 법
1 사워도의 재료를 잘 섞어 22~26℃에서 14~16시간 발효시킨다.
2 코호슈토크를 만든다. 스펠트 밀과 호밀을, 뜨거운 물을 넣고 뚜껑을 덮어 10분간 끓인다. 그 이외의 재료를 넣은 다음, 14~16시간 그대로 둔다.
3 모든 재료를 천천히 3분, 중간 속도로 3분간 반죽해 45분간 휴지시킨다.
4 타원형으로 만들어 반죽이 가볍게 남을 정도까지 밀대 등으로 한가운데를 밀어 넣는다.
5 양측의 반죽을, 움푹 들어간 한가운데로 접어 붙인다. 반죽을 합친 면을 아래로 해서 발효 바구니에 넣는다. 26℃에서 50분간 발효시킨다.
6 250℃ 오븐에서 45분 정도 굽는다. 처음 15분은 스팀을 충분히 주입하고 나서 스팀을 멈추고 230℃로 내려 굽는다.

독 일의 아름다운 자연 풍경에 슈바르츠발트 (Schwarzbrot)가 있다. 관광명소로 일본 사람들에게도 친근한 곳이다. 슈바르츠발트는 우리말로 하면 '검은 숲'이다. 밀집해서 자라는 나무들이 검게 보이는 데서 '검은 숲'이라는 이름이 붙었다.

슈바르츠란 검다는 의미이고, 슈바르츠브로트는 검은 빵을 말한다. 이름 그대로 빵의 빛깔은 검정에 가까운 짙은 갈색을 띤다. 빵의 속도 마찬가지로 거무스름하다. 호밀을 많이 사용하는 독일 북부를 대표하는 빵이다.

슈바르츠브로트는 호밀의 비율이 높은 빵을 가리키지만, 북부 이외의 지역에서는 호밀가루와 밀가루를 거의 절반씩 사용한 미슈브로트(→p.186)로 만든 빵을 슈바르츠브로트라 부르기도 한다. 이 경우 밀가루의 비율이 높아지기 때문에 북부의 슈바르츠브로트만큼 검지는 않다. 여기서 소개하는 슈바르츠브로트는 호밀 외에 스펠트 밀을 넣고 호밀을 익혀 넣어 반죽했다.

이런 타입의 빵은 촉촉하고 알알이 씹히는 식감이 좋아 가볍게 슬라이스해서 먹으면 맛있다. 햄이나 치즈와도 음식궁합이 좋아 슬라이스한 빵에 올려 천천히 맛을 음미하면서 먹으면 더욱 이 빵의 맛을 실감할 수 있다.

라인란트 풍 슈바르츠브로트

Rheinisches Schwarzbrot

* 지역: 독일 서부 라인란트지방 　　* 주요 곡물: 호밀
* 발효 방법: 사워도 　　　　　　　* 용도: 식사 빵, 샌드위치

재료(1개분)

사워도^{※1}
마르츠슈토크^{※2}
코호슈토크^{※3}
거칠게 빻은 호밀
　(굵게 빻은 것)···250g
불활성액체몰트···25g
소금···8g
뜨거운 물(100℃)···125g

※1 사워도
거칠게 빻은 호밀
　(굵게 빻은 것)···250g

물(50℃)···250g
스타터···50g
소금···5g

※2 마르츠슈토크
거칠게 빻은 호밀
　(굵게 빻은 것)···250g
물(80℃)···125g
활성액체몰트···5g

※3 코호슈토크
호밀···95g
물···190g

만드는 법

1 사워도의 재료를 잘 섞은 다음, 실온에서 12~16시간 발효시킨다.
2 마르츠슈토크를 만든다. 재료를 섞은 다음, 65℃에서 4시간 이상 휘젓는다.(혹은 뚜껑을 덮어 따뜻한 오븐에 넣고 때때로 꺼내 휘젓는다). 표면을 랩으로 씌워 실온까지 식힌다.
3 코호슈토크를 만든다. 호밀에 물을 붓고 뚜껑을 덮어 수분이 없어질 때까지 60분 정도 조린다.
4 뜨거운 물과 마르츠슈토크를 섞고(반죽 온도 약 30℃), 다른 재료를 넣어 가장 느린 속도로 30분 반죽한다. 실온에서 20~30분간 휴지시킨다.
5 가장 느린 속도로 30분 반죽한다(반죽 온도 약 26℃).
6 반죽을 두꺼운 막대 모양으로 만들어 약 22×10×9cm의 틀에 넣는다. 틀째 오븐 백에 넣고 잘 닫은 다음 약 20℃에서 2시간 발효시킨다. 반죽의 맨 위가 틀의 가장자리 바로 아래까지 부풀어 오르고, 표면에 갈라진 금이 생기면 된다.
7 스팀을 주입하지 않은 200℃ 오븐에 넣은 다음, 160℃로 내려 3시간 30분~4시간 굽는다.

Tip
빵이 다 구워졌으면 2일 기다렸다가 자른다. 반죽을 2등분해 구워도 좋다.

독일 각지에 있는 흑빵(슈바르츠브로트: Schwarzbrot)의 독일 서부, 라인강 연안 일대에 펼쳐지는 라인란트 지방의 빵으로, 거칠게 빻은 호밀만 사용해 만드는 것이 특징이다. 이기는 시간이 30분으로 길고 저온에서 시간을 들여 굽는다. 손이

많이 가지만 그만큼 확실한 맛의 빵이 완성된다.

먹을 때는 얇게 슬라이스한 치즈나 간이 잘 된 생햄 등을 올려 먹으면 맛있다. 거칠게 빻은 호밀의 식감도 입안에서 상쾌하다.

베스트팔렌 풍 바우에른슈투텐

Westfälischer Bauernstuten

＊지역: 독일 서부 베스트팔렌 지방
＊주요 곡물: 호밀, 밀
＊발효 방법: 사워도, 이스트
＊용도: 식사 빵

재료(1개분)

사워도※1	**※1 사워도**
중종※2	호밀가루1150
호밀가루1150	…100g
…150g	물…100g
밀가루1050…150g	스타터…20g
물…155g	**※2 중종**
드라이이스트…1g	밀가루1050…100g
소금…10g	물…100g
	드라이이스트…약간

만드는 법

1 사워도, 중종 모두 재료를 잘 섞은 다음, 실온에서 20시간 동안 그대로 둔다.
2 모든 재료를 합쳐 천천히 15분 반죽한다.
3 30분간 휴지시켰다가 반죽을 접는다. 이를 반복하고 30분간 휴지시킨다.
4 반죽을 성형하고 나서 밀 전분(분량 외)을 뿌린 발효 바구니에 넣고 60분간 발효시킨다.
5 표면에 물(분량 외)을 바르고 칼집을 넣어, 스팀을 주입한 250℃ 오븐에 넣는다. 15분 지난 후 스팀을 빼주고 180℃로 내려 30분간 굽는다.

베 스트팔렌 지방은 호밀을 사용하는 빵이 많은데, 그 중에서도 펌퍼니켈(→p.46)이 유명하다. 그 외의 대표적인 빵으로는 이 베스트팔렌 바우에른슈투텐을 빼놓을 수 없다.

슈투텐(Stuten)이란 주로 이스트 반죽으로 발효시킨 커다란 과자 빵을 가리킨다. 헤페쵸프(→p.152)처럼 공들인 모양이 아니라 심플한 빵이다. 여기에 건포도를 넣으면 로즈넨슈투텐(Rosinenstuten)이 되고, 버터가 들어가면 부터슈투텐(Butterstuten)이 된다. 슈투텐은 달콤한 빵만 있는 것이 아니다. 예외가 이 베스트팔렌 풍 바우에른슈투텐이다.

이러한 빵은 설탕이 들어가지 않은 밀가루와 호밀가루를 사용하며, 이 지방에서는 이렇게 부른다. 이 책의 레시피는 호밀가루와 밀가루의 비율이 1:1인데, 이와 같은 밀가루와 밀가루의 비율을 반반으로 배합하는 경우가 많다.

좀 헷갈릴 수도 있으나 베스트팔렌에도 설탕과 우유를 넣고 이스트를 사용하는 일반적인 슈투텐이 있다. 슈투텐은 아침 식사나 간식뿐만 아니라 요리와 함께 먹기도 한다.

펌퍼니켈
Pumpernickel

＊지역: 독일 서부 베스트팔렌 지방
＊주요 곡물: 호밀
＊발효 방법: 사워도
＊용도: 조식, 석식, 스낵

재료(1개분)
사워도[※1]
브류슈토크[※2]
빵 페이스트[※3]
거칠게 빻은 호밀(곱게 빻은 것)···220g
시럽···20g
생이스트···10g
물···10g

※1 사워도
거칠게 빻은 호밀(중간으로 빻은 것)···250g
물···110g
스타터···10g
소금···5g

※2 브류슈토크
거칠게 빻은 호밀(중간으로 빻은 것)···325g
거칠게 빻은 호밀(거칠게 빻은 것)···435g
소금···14g
뜨거운 물(끓은 물)···660g

※3 빵 페이스트
호밀 빵/펌퍼니켈(빻은 것)···32g
뜨거운 물···32g

만드는 법
1 사워도의 재료를 잘 섞은 다음, 실온에서 18~22시간 발효시킨다.
2 브류슈토크를 만든다. 재료를 섞은 다음, 식으면 냉장고에서 6~8시간 불린다.
3 빵 페이스트를 만든다. 재료를 섞어 저온에서 몇 시간 불린다.
4 모든 재료를 섞어 천천히 20분 반죽한다. 볼의 가장자리에 붙어 있는 반죽을 말끔히 걷어내 섞는다. 24℃에서 30분간 휴지시킨다.
5 천천히 20분 반죽한다.
6 반죽을 틀(22×10×9cm)에 넣고 표면에 물(분량 외)을 바르면서 평평하게 펼쳐 누른다. 24~26℃에서 60분 정도 발효시킨다.
7 스팀을 주입한 105℃ 오븐에서 18시간 굽는다.

Tip
1~2일 놔둔 다음 먹는 것이 좋다. 반죽을 2등분해서 구워도 좋다.

베스트팔렌 지방에서 사랑 받는 펌퍼니켈은 보기에도 그렇지만 만드는 방법도 독특하다. 원래는 전립호밀과 거칠게 빻은 호밀만 사용해 만들었으나 현재는 거칠게 빻은 호밀을 90% 이상 사용한다. 가루를 사용하기도 하지만 호밀 알갱이를 그대로 사용하기 때문에 굽기 전에 뜨거운 물에 담가 둔다. 굽는 시간은 16시간 이상 필요하다. 펌퍼니켈은 1570년경부터 만들어 먹기 시작했다고 한다.

굽는 데 시간이 걸리지만 그만큼 펌퍼니켈은 오래 보관할 수 있는 점이 큰 특징이다. 빵은 보통 빨리 먹어야 하는 것이 일반적인 이미지이지만 펌퍼니켈의 경우는 사정이 크게 다르다. 짧게는 수개월부터 캔에 넣어 밀봉한 것은 유통기한이 2년이나 되는 것도 있다. 펌퍼니켈은 독특한 검은 색을 띤다. 이것은 굽는 동안에 호밀 속의 당류가 캐러멜을 만들어 단맛과 향과 색을 낸 것이다.

이름의 유래에는 여러 설이 있으나 결정적인 것은 없다. 거칠고 막된 인간을 나타내는 Bompurnikel이라는 말과 관련이 있다는 설이 있는가 하면, '방귀를 뀌는 니콜라우스'라는 의미의 이 지방의 방언이 유래가 되었다는 설이 있다. 이 외에도 중세에는 악마를 의미하는 말이었다고 하는 설과, '좋은 빵'을 의미하는 라틴어 bonum panicum에서 유래되었지만, 이

펌퍼니켈 슬라이스 모양의 보드에 빵에 대한 속담 등이 쓰여 있다.

펌퍼니켈의 소재지에 있는 베스트팔렌 빵 박물관(→P.215)

펌퍼니켈

빵을 개발한 사람은 Nikolaus Pumper였기 때문이라는 설이 있다. 아무튼 이렇게 에피소드가 많다는 것은 오랜 동안 먹어 친숙하다는 증거이기도 할 것이다.

독일인에게 펌퍼니켈은 섬유질과 미네랄, 단백질을 풍부하게 함유한 건강빵이라고 인식되어 있다. 펌퍼니켈은 가루가 아닌 낱알을 그대로 사용하기 때문에 먹을 때는 잘 씹어야 한다. 잘 씹으면 깊은 맛을 느낄 수 있다.

펌퍼니켈은 딱딱한 빵인 만큼 일반적으로 얇게 잘라 먹는다. 보통 식사로서는 물론 이 질감과 얇기를 이용해 카나페로도 응용할 수 있다. 또한 소보로 모양으로 풀려 부드러워지기 때문에 아이스크림에 섞거나 크루통(수프에 띄우는 빵 조각 튀김)처럼 토핑으로 사용할 수도 할 수 있어 그 사용 범위가 넓다. 한 번 구워두면 오래가기 때문에 오랫동안 편리하게 사용할 수 있는 빵이다.

미리 슬라이스해서 포장해놓은 펌퍼니켈도 판매하고 있다. 소량 필요할 때 이용하면 편리하다.

사진 제공: 브로트 휴겔

사진 제공: 브로트 휴겔

사진 제공: 브로트 휴겔

1 이제부터 저온 장시간 굽기에 들어간다. 독일 대형 빵점에서는 사진보다도 더 긴 틀에 넣어 굽는다.
2 막 구워진 빵을 틀에서 빼낸 펌퍼니켈
3 틀에서 빼냈을 때는 증기가 나온다. 식힌 후 1~2일 놔두면 먹기 좋게 된다.

하퍼브로트
Haferbrot

＊지역: 독일 각지
＊주요 곡물: 연맥, 밀, 호밀
＊발효 방법: 사워도, 이스트
＊용도: 식사 빵

재료(2개분)

호밀 사워도*1
브류슈토크*2
밀가루1050···100g
밀가루550···150g
물···150g
베이킹 몰트···10g
거칠게 빻은 밀 몰트
   ···10g
생이스트···5g
소금···5g

※1 호밀 사워도

호밀가루1370
   ···150g
물···110g
스타터···8g

※2 브류슈토크

귀리 플레이크
(거칠게 빻은 것)
   ···200g
세몰리나···100g
물···300g

만드는 법

1 호밀 사워도의 재료를 섞은 다음, 실온에서 12~16시간 발효시킨다.
2 브류슈토크를 만든다. 물을 끓여 귀리 플레이크와 세몰리나를 넣어 섞는다. 1시간 이상 불린다.
3 재료를 모두 가장 느린 속도로 6분 반죽하고 나서 3~4시간 휴지시킨다. 1시간마다 반죽을 뒤집는다.
4 반죽을 2등분해 대충 모양을 잡는다. 20분간 휴지시킨 후 성형한다. 발효 바구니에 넣고 실온에서 30~60분간 발효시킨다.
5 스팀을 주입한 250℃ 오븐에 넣고 220℃로 내려 45분간 굽는다.

Tip

쿠프(coupe)를 넣고 빵 표면에 물을 발라 귀리 플레이크를 뿌려 구우면 사진처럼 먹음직스럽고 보기 좋은 빵이 만들어진다.

하 퍼(Hafer)란 귀리, 다시 말하면 연맥(燕麥)을 말한다. 게르만인은 귀리를 다른 곡물과 함께 재배했으며 귀중하게 생각했다. 근세까지 귀리는 독일인에게는 호밀 다음으로 중요한 곡물이었다. 또한 독일인의 성에 하파가 붙은 경우를 볼 수 있는데 이는 귀리가 독일인에게 중요한 곡물의 하나임을 나타내준다.

귀리에는 섬유질이 풍부하게 함유되어 있다. 글루텐이 적기 때문에 글루텐 알레르기용 식재료이기도 하다. 사실 귀리 자체는 빵용 곡물이 아니지만 밀이나 호밀과 섞어 사용하기도 하고 시리얼에 사용하는 귀리 플레이크(하퍼 플로켄: Haferflocken)로 이용하기도 한다. 귀리 플레이크로 사워도를 만들고 다시 귀리 플레이크를 넣어 굽는 레시피도 있다.

표면에 귀리 플레이크를 듬뿍 올리고 쿠프를 넣어 구우면 먹음직스럽게 갈라진 틈이 생긴다. 독일에는 3종류의 귀리 플레이크가 있다. 큰 것, 작은 것, 잘 풀리는 것(가루로 만든다)이 있는데 각기 취향과 용도에 맞게 사용하면 된다.

딩켈브로트
Dinkelbrot

* 지역: 주로 독일 남부
* 주요 곡물: 스펠트 밀
* 발효 방법: 사워도, 이스트
* 용도: 식사 빵, 샌드위치

재료(1개분)

스펠트 사워도[※1]
브류슈토크[※2]
코호슈토크[※3]
스펠트 밀가루1050…170g
생이스트…4g
물…50g

※1 스펠트 사워도

스펠트 밀 전립분…170g
물…170g
스타터(스펠트 밀 또는 밀 사워도)…17g

※2 브류슈토크

거칠게 빻은 스펠트 밀가루(중간)…85g
물…85g
소금…10g

※3 코호슈토크

스펠트 밀…100g
물…200g

만드는 법

1 스펠트 사워도의 재료를 섞은 다음, 실온에서 16~18시간 발효시킨다.
2 브류슈토크를 만든다. 물을 끓여, 거칠게 빻은 가루와 소금에 붓는다. 잘 섞은 다음 냉장고에 넣어 8시간 이상 불린다.
3 코호슈토크를 만든다. 재료를 냄비에 넣고 뚜껑을 덮은 다음 30분 정도 끓여 수분을 모두 흡수시킨다.
4 모든 재료를 합쳐, 가장 느린 속도로 5분, 그보다 빠른 속도로 10분간 반죽한다. 반죽이 달라붙지 않을 정도가 되면 좋다. 60분간 휴지시킨다.
5 반죽을 치대 모양을 잡은 다음, 틀에 넣고 따뜻한 곳에서 60분 정도 발효시킨다.
6 스팀을 주입한 250℃ 오븐에서 10분가량 굽는다. 그 후 스팀을 빼주고 200℃에서 50~60분간 굽는다.

딩켈(Dinkel)이란 고대 밀인 스펠트 밀(→P.55)을 말한다. 유럽에서 주로 재배되는 밀의 종류로, 독일에서는 오래 전부터 먹었으며, 현재 널리 사용되고 있다. 스펠트 밀을 독일에서는 딩켈이라 하지만 이탈리아에서는 파로(Farro), 스위스에서는 스펠츠(Spelz)라고 한다.

딩켈은 스펠츠(Spelz), 스펠트(Spelt), 페젠(Fesen), 페젠(Vesen), 슈바벤콘(Schwabenkorn) 등으로도 불리기도 한다. 슈바벤콘은 Schwaben(슈바벤 지방의) Korn(곡물)을 뜻하며, 슈바벤을 포함한 남부 바덴뷔르템베르크 주가 독일 최대의 스펠트 밀 재배지다.

스펠트 밀의 좋은 점은 많으나 밀보다도 취급하기 어려워 지금까지는 많이 사용하지 않았다. 스펠트 밀에 함유된 단백질은 글리아딘이라는 것으로 밀에 함유된 글루텐과 성질이 다르다. 글리아딘은 반죽을 매끄럽게 하는 효과가 있으나 글루텐과 같은 점착력이 없다. 따라서 매끄러운 질감의 반죽은 되지만 모양을 유지시키기가 어렵다. 또한 너무 많이 이기면 갈라질 우려도 있다.

또한 스펠트 밀로 만든 빵이나 과자는 밀이나 호밀로 만든 것보다 건조해 딱딱해지기 쉽다. 반죽을 다루기 힘들기 때문에 건조되기 쉬운데 브류슈토크나 사워도를 쓰면 보습성이 높아진다.

스펠트 밀을 사용한 빵이나 과자는 잘 씹을 필요가 있다. 이런 점 때문에 독일에서는 스펠트 밀이 건강한 곡물로 정착되었다. 유기농 식품을 좋아하는 사람들 사이에서는 특히 인기가 높다. 어렴풋한 견과류 풍미가 있고 깊이 있는 맛을 느낄 수 있다.

시판되고 있는 스펠트 밀. 타입1050이다.

딩켈 히르제 브로트

Dinkel-Hirse-Brot

＊ 지역: 독일 남부
＊ 주요 곡물: 스펠트 밀
＊ 발효 방법: 사워도
＊ 용도: 식사 빵

재료(5개분)

사워도※1
코호슈토크※2
스펠트 밀가루630…1375g
요구르트…200g
소금…57.5g
생이스트…7g
물…1000g

※1 사워도
스펠트 밀 전립분…562.5g
스펠트 밀 플레이크…562.5g
물…112.5g
스타터…50g

※2 코호슈토크
기장…85g
뜨거운 물…1250g

만드는 법

1 사워도의 재료를 섞은 다음, 실온에서 12~15시간 발효시킨다.
2 코호슈토크를 만든다. 끓는 물에 기장을 넣고 수분이 없어질 때까지 10분 정도 조린다.
3 모든 재료를 합쳐, 천천히 8분 정도 반죽한다. 30분간 발효시킨다.
4 반죽을 5개로 나눠 둥글린다. 틀에 넣고 커버를 씌워 50분 정도 발효시킨다.
5 스팀을 약간 주입한 250℃ 오븐에 넣고 230℃로 내려 40~45분간 굽는다.

딩켈 히르제 브로트는 스펠트 밀(Dinkel)에 기장(Hirse)이 들어간 빵이다.

기장은 일본에서도 옛날부터 오곡의 하나로 여겼으며 모모타로(桃太郎:일본 전설의 대중적인 영웅)의 기장경단은 누구나 알고 있겠지만 보통 잡곡미 등을 먹는 사람 이외에는 볼 기회가 없을 것이다.

기장은 아시아를 통해 유럽에 전해져 오래 전부터 식량으로서 재배되었다. 옛 독일어 Hirsa가 현재의 기장을 나타내는 Hirse의 기원이 되었다. 고대 로마 시대 초기 무렵에 유럽에 널리 퍼졌다고 전해지며 고대 로마인은 빵이나 죽으로 해서 먹었던 것으로 보인다.

중세에는 중부 유럽에 있어 귀중한 식량의 하나가 된 기장을 사용한 빵은 '가난한 자의 빵'이라 불렸다. 하지만 한 시대를 지나 중세 유럽에서는 감자, 남부 유럽에서는 옥수수로 수요가 이동해 차츰 재배가 감소되었다.

기장은 글루텐이 함유되어 있지 않기 때문에 가루로 해도 빵을 만들기에는 적합하지 않다. 그 때문에 이 사진의 빵처럼 낟알채로 섞어 사용하는 일이 많았다. 하지만 기장은 철분과 마그네슘, 규소가 풍부하게 함유되어 있고 노란색 알갱이의 색감과 식감을 즐길 수 있다. 또한 영양 면에서도 만족할 수 있는 곡물이다. 먹는 법이나 식재료의 가치를 재인식하고 있어 앞으로 더욱 주목을 끄는 곡물이 될 듯하다.

건강식품으로 여기는 스펠트 밀과 기장으로 만든 딩켈 히르제 브로트. 앞으로 더욱 주목받을 것으로 기대되는 빵이다.

시판되고 있는 기장. 빵뿐 아니라 뮤즐리, 시리얼바, 수프 재료로도 사용된다.

딩켈폴콘브로트
Dinkelvollkornbrot

* 지역: 독일 남부   * 주요 곡물: 스펠트 밀
* 발효 방법: 사워도   사용도: 식사 빵, 샌드위치

재료(1개분)

호밀 사워도[※1]

코호슈토크[※2]

쿠아르크(Quark) ··· 235g

물 ··· 60g

스분 ··· 235g

※1 호밀 사워도

스펠트 밀 전립분 ··· 200g

물(40℃) ··· 200g

소금 ··· 4g

스타터 ··· 40g

※2 코호슈토크

스펠트 밀 전립분 ··· 35g

물 ··· 165g

소금 ··· 9g

만드는 법

1 호밀 사워도의 재료를 섞은 다음, 20℃에서 22~24시간 발효시킨다.

2 코호슈토크를 만든다. 재료를 섞으면서 끓이고, 1~2분 후 불에서 내려 걸쭉한 상태가 될 때까지 젓는다. 뚜껑을 덮어 4~12시간 냉장 보관한다.

3 모든 재료를 가장 느린 속도로 8분, 그보다 빠른 속도로 3분, 좀 단단하게 반죽한다. 반죽이 볼에 달라붙지 않을 정도가 딱 좋다(반죽 온도 약 26℃).

4 약 24℃에서 5시간 30분간 발효시킨다. 30분 후, 60분 후, 90분 후, 120분 후에 반죽을 접는다.

5 반죽을 둥글린 다음, 이음새 부분을 위로 해서 45분 정도 발효시킨다.

6 스팀을 주입한 280℃ 오븐에 넣고 200℃로 내려 75~80분간 굽는다.

Tip

쿠아르크(Quark)는 독일식 플레시 치즈의 일종이다. 일본에서는 요거트로 대신할 수 있다. 반죽을 2등분에서 구워도 좋다.

* ——— * ——— * ——— * ——— * ——— *

딩켈폴콘브로트는 스펠트 밀 전립분으로 만든 빵이다. 폴콘브로트란 빵 이름에 붙이는 주된 곡물이 전립분 상태로 전체의 90% 이상 들어가야 하는 빵을 말한다. 그러니까 딩켈폴콘브로트는 스펠트 밀 전립분이 전체의 90% 이상 들어간 빵이라고 볼 수 있다.

12세기에 활약한 독일 약초학의 시조라 불리는 수녀 힐데가르트 폰 빙엔(성 힐데가르트)은 "스펠트 밀은 최고의 곡물로 모든 사람에게 유익하다."는 말을 써서 남겼다. 현재에도 스펠트 밀은 일반 밀가루보다도 유기 재배율이 높기 때문에 건강에 대한 의식이 높은 사람들이 특히 좋아한다.

스펠트 밀만을 사용한 간단한 이 폴콘브로트는 싫증 나지 않는 맛이 특징이다. 해바라기 씨를 넣어 변화를 준 것도 있는데, 스펠트 밀의 풍부한 풍미와 씨앗의 식감이 잘 어우러진다.

스펠트 밀이란?

맛과 건강을 동시에 갖춘
최근 주목받는 밀의 일종

빵을 파는 곳 어디서나 볼 수 있는 스펠트 밀 빵. 독특한 풍미가 특징이다.

독일에서는 다양한 곡물을 빵의 재료(→p.188)로 사용한다. 밀을 비롯한 호밀, 귀리뿐 아니라 일본에서 말하는 오곡도 빵을 만드는 훌륭한 재료다. 그 중 최근에 특히 주목을 받고 있는 곡물이 있다.

그게 바로 스펠트 밀. 일본에도 조금씩 침투되고 있으나 아직은 그다지 알려지지 않은 곡물이다. 여기서는 이 스펠트 밀에 대해 소개한다.

스펠트 밀이란?

독일에서는 딩켈(Dinkel)이라고 하고, 이웃나라 스위스에서는 스펠츠(Spelz), 이탈리아에서는 파로(Farro)라고 하는 스펠트 밀. 스펠트 밀은 밀의 원종에 해당하는 고대곡물로 9000년 전부터 유럽에서 재배한 것으로 알려져 있다. 이런 점에서 두드러진 특징을 엿볼 수 있다.

대부분의 원종이 그런 것처럼 스펠트 밀은 수확률이 낮고 겉껍질이 두꺼워 취급하기 힘들다. 수확량을 늘리기 위해 품종개량을 시도한 결과 풍요롭게 즐길 수 있게 되었으나 최근 건강과 안전 면에서 원종을 다시 주목하고 있다. 스펠트 밀도 그 중 하나다. 어떤 열악한 환경에서도 대처할 수 있는 강인함을 가지고 두꺼운 겉껍질은 오염물질이나 곤충으로부터 내부의 알맹이를 지킨다. 화학비료나 제초제, 살충제, 농약을 거의 사용할 필요가 없는 것이 스펠트 밀이다.

밀 알레르기 발증률이 낮은 것도 요즘 주목을 받는 이유의 하나다. 글루텐 프리가 아니므로 섭취할 때는 의사의 조언이 필요하지만, 밀 알레르기를 가진 80% 이상의 사람이 스펠트 밀을 섭취해도 알레르기가 생기지 않는다고 하는 연구 결과가 나왔다.

밀 알레르기로 고민하는 사람에게는 희망의 곡물이라 할 수 있다.

독특한 풍미의 빵을 만들 수 있다

건강적인 면뿐 아니라 깊은 맛과 독특한 견과류 향이 스펠트 밀의 특징이다. 씹으면 씹을수록 느껴지는 자연의 맛에 매료되는 사람도 많다.

빵을 만들 때는 가볍게 이기기만 해도 글루텐이 충분히 형성되는 점이 특징이다. 믹싱도 밀의 경우의 절반이면 된다. 그렇기 때문에 부풀어 오르는 볼륨이 있는 빵보다는 하드롤 등의 빵에 적합하다.

먹기 좋은 크기의 빵도 있다. 이 빵은 뮤즐리도 사용한 타입으로 높은 영양가를 기대할 수 있다.

게어스텐브로트
Gerstenbrot

* 지역: 주로 독일 남부, 오스트리아, 스위스
* 주요 곡물: 호밀, 보리
* 발효 방법: 사워도
* 용도: 식사 빵

재료(2개분)
보리 전립분···250g
밀 전립분···300g
밀가루1050···1050g
소금···30g
생이스트···1ℓ
유지···20g
보리···적당량

만드는 법
1 모든 재료를 섞어 10분 반죽한다. 50분 정도 발효시킨다.
2 반죽을 2개로 나누고 다시 2개로 분할해 둥글린 다음, 틀에 2개를 나란히 넣는다. 20분 정도 발효시킨다.
3 표면에 보리를 뿌린 다음, 250℃ 오븐에 넣고 200℃로 내려 60분간 굽는다.

게 어스테(Gerste)는 독일어로 보리를 뜻한다. 게어스텐브로트는 이름 그대로 보리를 넣은 빵이다. 보리를 넣었다고 하면 보리가 높은 비율로 배합되었다고 상상하기 쉽다. 그러나 실제로 보리는 글루텐이 적고 가루로 빻기 어렵기 때문에 빵의 원료로서는 부수적인 존재이다.

따라서 게어스텐브로트를 만들 때 보리의 비율은 빵용 가루 전체의 20%나 그 이상이다. 이렇게 되면 다른 곡물을 섞어야 하는데, 밀가루만 넣어도 되고 밀가루와 호밀가루 둘 다 넣어도 된다.

압맥(플레이크)으로 만든 보리를 반죽에 섞으면 식감이 좋다. 또한 브류슈토크 등 물에 담그기에도 적합하다. 물에 담가두면 보리 특유의 쓴맛이 부드러워진다. 토핑으로 사용하기도 하는데, 토핑에 사용하면 보리를 넣어 만든 빵이라는 것을 한눈에 알 수 있는 매리트도 있다.

시판되는 보리(낱알). 쌀처럼 여러 요리에 사용한다.

시판되고 있는 보리(플레이크). 주로 시리얼로 먹는다.

시판되는 보리 몰트 엑기스. 빵에 발라 먹는 외에도 감미료로 사용된다.

호밀밀빵
Triticalebrot

＊지역: 독일 각지
＊주요 곡물: 호밀밀
＊발효 방법: 사워도
＊용도: 식사 빵

재료(2개분)

중종[※1]
호밀밀…360g
밀가루550…415g
레스트브로트…175g
몰트…40g
소금…22g
생이스트…17.5g
물…635g

※1 중종

호밀밀가루…360g
호밀가루1150…50g
사워도…10g
물…260g

만드는 법

1 중종의 재료를 섞어 반죽한 다음, 16~18시간 발효시킨다.
2 모든 재료를 합쳐, 천천히 5분간 반죽한 다음, 그보다 한 단계 빠른 속도로 6분 반죽한다.
3 반죽이 다 됐으면 2등분해 반원통형으로 만들어 틀에 넣는다. 28℃에서 90분간 발효시킨다.
4 스팀을 주입한 260℃ 오븐에 넣고 220℃로 내려 50분간 굽는다.

Tip

중종 재료의 하나인 레스트브로트는 Restbrot라고 쓴다. 레스트(Rest:나머지)+브로트(Brot:빵)로, 남은 오래된 빵을 가리킨다.

호 밀이나 밀가루가 아닌 '호밀밀'을 사용한 빵. 호밀밀이란 귀에 익지 않은 곡물이지만 이름 그대로 호밀을 '웅(雄)'으로 밀을 '자(雌)'로 해서 교배시켜 만든 곡물이다. 독일어명 트리티컬(Triticale)은 밀의 학명(Triticum aestinum L.)과 호밀의 학명(Secale cereale L.)의 일부분을 따서 명명한 것이다. 밀과 호밀의 성별이 반대가 되면 이것 또한 학명으로부터 일부분을 따서 Secalotricum이 된다.

처음에 호밀밀이 생긴 것은 19세기이지만 재배하기 시작한 것은 1930년부터다. 그런데도 아직 생소한 곡물이다. 일본에서는 거의 재배되지 않는 희귀곡물인 셈이다.

호밀과 밀, 양쪽 특징을 겸한 곡물은 어떤 장점이 있는 걸까. 밀은 취급하기 쉽고 빵을 만들기 좋으며 수확량도 높다. 이에 반해 호밀은 서늘한 지역에서도 잘 자라고 비옥한 토양이 아니어도 잘 자란다.

이 때문에 호밀은 독일 전역에서 재배가 가능하다. 폴란드 다음으로 독일의 재배량이 많다(2013년). 다만 이미 환경이 좋은 토지에서는 밀이 잘 자라고 모래가 많은 척박한 토양에서는 호밀이 잘 자라기 때문에 산악지대 등에서 주로 재배되고 있다.

용도는 사료가 가장 많고 빵이나 맥주에도 사용되기는 하지만, 종류에 따라서는 호밀밀만으로는 빵을 만들기 어려운 점이 있어 밀이나 호밀에 섞어 사용하는 경우가 많다.

독일 빵집에서는 "호밀밀 빵은 오래가고 독특한 곡물 맛을 느낄 수 있다."고 한다. 앞으로 재배량이 늘고 빵으로도 사용되는 일이 많아지면 여러 모양이나 종류의 호밀밀 빵을 만날 수 있을 것으로 기대된다.

말파(·크라프트마)브로트
Malfa(-Kraftma)Brot

* 지역: 독일 동부 작센 주
* 주요 곡물: 호밀, 밀, 보리(맥아)
* 발효 방법: 사워도
* 용도: 식사 빵

재료(4개분)

쿠베르슈토크[*1]	소금···18g
호밀가루	생이스트···18g
997/1150···435g	물···320g
밀가루812···135g	**※1 쿠베르슈토크**
사워도···620g	마르파가루···100g
	물(30℃)···100g

만드는 법

1 쿠베르슈토크의 재료를 섞어 30분 불린다.
2 모든 재료를 고루 섞어, 4~6분 반죽한다.
3 반죽을 4개 나눠 원형이나 타원형으로 성형한다. 표면에 가루(분량 외)를 뿌린 다음, 이음새 부분을 밑으로 해서 발효 바구니에 넣는다.
4 발효 3/4 시점에서 이음새 부분을 밑으로 한 채 팬에 올려 표면에 나뭇결 같은 모양이 생길 때까지 실온에서 발효시킨다.
5 스팀을 주입한 오븐에서 굽기 시작해 몇 분 후에 스팀을 빼준다. 10분 후에 문을 닫고 굽는다.

Tip

[숙성온도]
틀에 넣지 않을 경우 250℃에서 200℃로 내려 굽는다. 틀에 넣을 경우 260℃에서 200℃로 내려 굽는다.

[숙성시간]
틀에 넣지 않을 경우/1000g: 약 70분, 750g: 약 60분, 500g: 약 50분
틀에 넣을 경우 1000g: 약 90분, 750g: 약 80분, 500g: 약 60분

재 미있는 이름이 붙은 빵이다. 말파(Malfa)란 말츠파브릭(몰트(맥아)공장)을 줄인 말로 몰트공장의 빵을 의미한다. 말파 크라프트마 브로트(Malfa-Kraftma-Brot)라고도 하는데, 크라프트마도 크라프트말츠(Kraftmalz: 강력한 몰트)를 줄인 약어다. 맥주에 사용하는 몰트처럼 물에 담가둔 보리 맥아를 건조시켜 가루로 만든 것이다. 이것을 빵 전체의 10% 사용한다.

이 빵은 구 동독시대에 만들어졌다. 현재는 포크트란트뮐렌사(Vogtlandmühlen GmbH Straßberg)가 상표등록을 하고 말파 브로트용 혼합가루를 제조하고 있으나 타사에서도 라이센스 계약을 하고 제조 판매하고 있다.

몰트의 색이 반영된 밀크초콜릿 비슷한 갈색이 독특한 빵이다. 그 향긋한 맛도 즐길 수 있다. 독특한 맛의 맥주와 함께 먹으면 더욱 맛있다.

몰케브로트

Molkebrot

＊지역: 독일 전역
＊주요 곡물: 호밀, 밀, 스펠트 밀
＊발효 방법: 사워도, 이스트
＊용도: 식사 빵

재료(1개분)

사워도※1	스타터···5g
중종※2	※2 중종
브류슈토크＊3	밀가루812···60g
밀가루812···60g	훼이···60g
밀가루550···60g	생이스트···0.5g
호밀가루1150	※3 브류슈토크
···143g	거칠게 빻은 호밀가
호밀 몰트···5g	루(중간)···60g
생이스트···10g	거칠게 빻은 곡물
훼이···130g	(중간)···90g
※1 사워도	귀리 플레이크
호밀가루1150···50g	···30g
훼이(유청)···50g	소금···11g
	훼이···200g

만드는 법

1 사워도의 재료를 섞어 16~18시간 놔둔다.
2 중종을 만든다. 모든 재료를 5분 정도 치댄 다음 실온에서 2시간 발효시킨 후 냉장고에 16~18시간 동안 넣어둔다.
3 브류슈토크를 만든다. 훼이를 끓인 다음, 다른 재료를 넣고 섞어 3시간 이상 불린다.
4 사워도, 중종, 훼이를 거품기로 젓는다.
5 다른 재료도 섞어 천천히 4분, 빠른 속도로 5분 반죽한다. 30분간 휴지시킨다.
6 둥글게 성형한 다음, 가루(분량 외)를 뿌린 둥근 발효 바구니에 넣어 50분간 발효시킨다.
7 방사선 상으로 칼집을 넣고, 스팀을 주입한 240℃ 오븐에서 15분가량 굽는다. 그 후 180℃로 내려 30분가량 굽는다.

몰 케(Molke)는 독일어로 훼이(유청)를 말한다. 유제품이 발달한 독일에서는 훼이가 칼로리가 적고 단백질이 풍부한 건강식품으로 널리 알려져 있다. 훼이는 드링크에 응용하기도 하고 화장품으로 개발되기도 한다. 빵에는 액체 그대로 혹은 파우더를 사용한다. 최근 독일에서는 건강을 중시하는 트랜드를 타고 단백질을 추가한 빵이 프로틴브로트(Proteinbrot), 아이바이스트브로트(Eiweißsbrot) 등이라는 명칭으로 나와 있다. 이들 빵에는 훼이 파우더가 사용된 것도 있다.

몰케브로트에는 훼이를 물과 함께 사용해도 된다. 사용하는 곡물은 특별히 정해진 것은 없어 호밀이나 밀 외에 스펠트 밀을 사용하기도 한다. 모양도 사진처럼 둥근 모양이 있는가 하면 타원형도 있다.

시판되는 몰케(유청). 미네랄이 풍부하게 함유되어 있어 영양 드링크로 마신다. 과일향도 있다.

큐르비스케른브로트
Kurbiskernbrot

＊지역: 독일 전역
＊주요 곡물: 밀, 호밀 등
＊발효 방법: 사워도, 이스트
＊용도: 식사 빵, 샌드위치

재료(1개분)

가루(호밀 전립분과 밀 전립분을 반반 정도)…300g	소금…1작은술
	드라이 이스트… 1작은술
물…180㎖	호박씨…적당량

만드는 법

1 중종을 만든다. 재료 중 가루 100g, 물 100㎖와 1/4작은술의 드라이이스트를 이겨서 10~15℃에서 12시간 놔둔다.

2 나머지 가루와 물, 이스트를 중종에 넣고, 믹서로 7~10분 섞은 후 소금을 넣어 천천히 2분 정도 반죽한다. 1~2시간 정도 서늘한 곳에 놔둔다. 그런 다음 25~30℃의 따뜻한 곳에 옮긴다.

3 충분히 부풀었으면 반죽을 늘려 호박씨를 뿌리고 반죽을 접는다. 따뜻한 곳에서 30분 정도 발효시킨다.

4 다시 한 번 반죽을 늘리고 호박씨를 뿌린 다음, 반죽을 접는다.

5 30분 후, 4의 작업을 반복한 다음 성형한다.

6 표면을 물(분량 외)로 적시고 호박씨를 골고루 뿌려 30분 정도 발효시킨다.

7 충분히 스팀을 주입한 250℃ 오븐에 넣고 40분가량 굽는다. 굽기 시작한 지 5~10분 후 190℃로 떨어뜨린다.

큐르비스(Kürbis)는 단호박이란 뜻이며, 큐르비스케른브로트는 단호박이 들어간 빵을 말한다. 큐르비스케른브로트에는 단호박이 들어간 것, 호박씨만 들어간 것, 양쪽 다 들어간 것이 있다. 단호박을 반죽에 넣은 큐르비스브로트(Kubisbrot)는 주로 브레멘 등 독일 북부에서 볼 수 있다.

호박씨를 넣는 경우는 대부분 부드러운 녹색 빛을 띤 씨를 사용한다. 반죽 안에도 섞고 표면에도 뿌린다. 볶은 것을 사용하면 좀 쓴맛이 나오는데, 이것이 먹을 때 기분 좋은 악센트가 될 수 있다. 씨는 통째로 사용하기도 하지만 세로로 잘라 사용하기도 하고 거칠게 빻아 사용하기도 한다. 보기에는 통째로 사용하는 것이 좋으므로 반죽에 넣는 것과 표면에 뿌리는 것은 구분해 사용하는 것이 좋다.

존넨블루멘브로트

Sonnenblumenbrot

* 지역: 독일 전역
* 주요 곡물: 밀, 호밀 등
* 발효 방법: 사워도, 이스트
* 용도: 식사 빵

재료(2개분)

중종※1	물···320g
호밀가루1150	
···200g	**※1 중종**
밀가루550···300g	호밀가루1150
생이스트···15g	···500g
소금···15g	물···500g
	스타터···100g

만드는 법

1 중종의 재료를 섞어 20시간 정도 그대로 둔다.

2 해바라기 씨 이외의 재료를 섞고 천천히 3~4분, 빠른 속도로 8분 반죽한다. 해바라기 씨를 넣고 3분 정도 반죽한다. 커버를 씌워 30분 정도 발효시킨다.

3 반죽을 2등분해서 둥글린다. 이음새 부분을 밑으로 해서 표면에 가루(분량 외)를 뿌린 케이크용 분할 링(사진)으로 모양을 넣는다. 28~30℃에서 40~50분간 발효시킨다.

4 스팀을 주입한 250℃ 오븐에 넣고 210℃로 내려 40~50분간 굽는다.

같은 간격으로 분할할 수 있는 케이크용 링.

넨블루멘(Sonnenblumen)이란 해바라기(존네: 태양, 블루멘: 꽃). 존넨블루멘브로트를 직역하면 '해바라기 빵'이지만, 존넨블루멘브로트에 들어가는 것은 해바라기 꽃이 아니라 해바라기 씨다. 존넨블루멘브로트가 아니라 존넨블루멘케른브로트라고 해야 맞지만 일반적으로 케른을 생략하고 쓴다.

해바라기는 16세기에 스페인 사람이 미국에서 유럽에 가지고 들어왔다. 그러나 식용으로 사용하기 시작한 것은 17세기에 들어와서부터이고, 19세기부터는 기름으로도 사용하기 시작했다. 해바라기 씨는 90% 이상이 불포화지방산이며, 비타민A, B군, E, 칼슘, 마그네슘, 요소 등을 풍부하게 함유하고 있다. 볶아서 그냥 먹어도 좋고 샐러드 토핑으로 사용해도 좋지만 빵에 넣으면 더할 나위 없이 좋다.

존넨블루멘브로트는 밀가루를 많이 사용했느냐, 호밀가루를 많이 사용했느냐에 따라, 다시 말해 빵 반죽의 배합에 따라 맛과 식감이 많이 달라진다. 견과류 풍미가 나는 세미 하드 치즈는 해바라기 씨의 풍미와 잘 어울리므로, 이 빵과 함께 먹으면 더욱 맛있다.

발누스브로트
Walnussbrot

* 지역: 독일 전역
* 주요 곡물: 밀, 호밀 등
* 발효 방법: 사워도, 이스트
* 용도: 식사 빵

재료(1개분)

사워도[※1]
중종[※2]
오토리즈 반죽[※3]
호밀가루1150
　…100g
밀가루1050…25g
물(50℃)…45g
생이스트…5g
소금…7g
건포도…100g
호두…100g

※1 사워도

호밀가루1150
　…150g
물(50℃)…150g
스타터…30g
소금…3g

※2 종중

밀 전립분…75g
물(18~20℃)…75g
생이스트…0.07g

※3 오토리즈 반죽

밀가루1050…150g
물(50℃)…100g

만드는 법

1 사워도의 재료를 섞은 다음, 20~22℃에서 12~16시간 발효시킨다(섞은 후의 반죽 온도 35℃).

2 중종을 만든다. 재료를 섞은 다음, 18~20℃에서 10~12시간 발효시킨다.

3 오토리즈 반죽을 만든다. 재료를 섞어 60분 불린다(반죽 온도 약 35℃).

4 건포도와 호두 이외의 재료를 잘 치댄 다음, 건포도와 호두를 넣어 섞는다(반죽 온도 약 28℃). 24℃에서 60분간 휴지시킨다.

5 반죽을 길게 늘리고, 이음새 부분을 아래로 해서 발효 바구니에 넣는다. 24℃ 정도에서 60분 정도 발효시킨다.

6 이음새 부분을 위로 해서 250℃ 오븐에 넣고 220℃로 내려 50분가량 굽는다. 굽기 시작하고 나서 2분 후에 스팀을 주입하고 10분 정도 지나면 스팀 주입을 멈춘다.

Tip
반죽을 2등분해서 구워도 좋다.

발 누스(Walnuss)란 호두. 발누스브로트란 호두를 넣은 빵을 말한다.

　견과류라 하면 독일에서는 헤이즐넛이 먼저 떠오르지만 호두도 많이 먹는 편이다. 케이크, 쿠키 등과 같은 과자나 리큐르에도 사용된다. 독일에서 먹는 호두는 시나노구루미라는 품종이 많다.

　발누스브로트로 사용되는 빵 반죽은 밀가루와 호밀가루를 혼합한 것이 많다. 밀가루 비율이 높은 것도 있고, 호밀가루가 많이 들어간 것도 있다. 부드러운 빵이라기보다는 묵직한 빵 쪽이 호두의 식감과 잘 어울리는 편이다. 맛도 호두의 단맛이나 쓴맛에는 전립이나 호밀 빵 쪽이 잘 어울린다.

라인자멘브로트

Leinsamenbrot

* 지역: 독일 전역
* 주요 곡물: 밀, 호밀 등
* 발효 방법: 사워도, 이스트
* 용도: 식사 빵

재료(2개분)

사워도[*1]	호밀가루1150
쿠베르슈토크[*2]	···200g
호밀가루1150	물···200g
···200g	**※2 쿠베르슈토크**
밀가루1050···100g	아마인···75g
소금···12g	물(18~20℃)···100g
아마인유···25g	거칠게 빻은 오곡
호밀 몰트···20g	···100g
	보리(껍질 벗긴 것)
※1 사워도	···100g
스타터···50g	물···300g

만드는 법

1 사워도의 재료를 섞어 20~22시간 발효시킨다.

2 쿠베르슈토크를 만든다. 재료를 섞은 다음, 20~22시간 냉장 보관한다.

3 아마인유 이외의 모든 재료를 섞어, 가장 느린 속도로 7분 정도 반죽한다. 아마인유를 넣고 중간 속도로 3~5분 반죽한다. 45분간 휴지시킨다.

4 반죽을 2등분한 다음, 접어 둥글린다. 발효 용기에 넣고, 실온에서 60~90분간 발효시킨다. 필요에 따라 물(분량 외)을 넣는다.

5 스팀을 주입한 250℃ 오븐에서 50~60분간 굽는다.

라 인자멘(Leinsamen)이란 라인(Lein: 아마)과 자멘(Samen: 씨앗)이 합쳐진 말로 아마인을 말한다. 일본에서는 아마인유로 알고 있는 사람이 많을 듯하다. 독일에서는 아마인을 오일로도 사용하지만 빵 재료로 쓰기도 하고 시리얼에 넣기도 한다.

유럽의 다른 나라에 비해 독일은 아마인 생산량이 그리 많지 않으나 슈퍼마켓에도 진열되어 있어 어디서나 쉽게 구입할 수 있다.

아마인은 노란색과 갈색, 2종류가 있는데, 전체의 40%가 유분이다. 불포화 오메가3 지방산과 알파 리놀렌산이 풍부하게 함유되어 있다. 식이섬유도 풍부하다.

아마인 알맹이는 작은데 씹으면 더 식감이 좋아진다. 거칠게 빻은 가루를 많이 사용하는 빵에 아마인을 넣으면 식감이 잘 어울린다. 잘 씹어 먹으면 조금만 먹어도 포만감을 느낄 수 있다.

게뷰르츠브로트

Gewürzbrot

＊지역: 주로 독일 남부
＊주요 곡물: 밀, 호밀, 스펠트 밀
＊발효 방법: 사워도, 이스트
＊용도: 식사 빵

재료(1개분)

호밀 사워도^{＊1}

쿠베르슈토크^{＊2}

호밀가루 1370···390g

물···170g

혼합 향신료(가루)··10g(캐러웨이 씨,
　회향풀, 코리앤더 씨, 페누그리크
　(호로파)를 같은 비율로)

향신료(통)···각각 적당량
　(캐러웨이 씨, 회향풀, 코리앤더 씨)

※1 호밀 사워도

호밀 전립분···260g

물···260g

스타터···26g

※2 쿠베르슈토크

아마인···40g

오래된 빵(거칠게 부순 것)···40g

물···80g

소금···13g

만드는 법

1 호밀 사워도의 재료를 고루 섞은 다음, 약 20℃에서 20시간 발효시킨다.

2 쿠베르슈토크를 만든다. 재료를 섞어 밀봉한 후 냉장고에 8~12시간 넣어둔다.

3 모든 재료를 섞고, 가장 느린 속도로 5분, 그보다 한 단계 빠른 속도로 2분 치대, 습도와 점착성 있는 반죽을 만든다(반죽 온도 약 27℃).

4 24℃에서 2시간 발효시킨다. 2배 정도의 크기가 되는 것이 좋다.

5 반죽을 둥글린다. 가루(분량 외)를 뿌린 발효 바구니에 캐러웨이 씨, 회향풀, 코리앤더 씨를 뿌린 다음, 반죽의 이음새 부분을 밑으로 해서 넣는다. 약 24℃에서 45분 정도 발효시킨다.

6 둥글린 끝부분을 위로 해서 스팀을 주입한 280℃ 오븐에 넣고 220℃로 내려 60분간 굽는다.

Tip

반죽을 2등분해 구워도 좋다.

게뷰르츠(Gewürz)란 말에 반응하는 사람은 아마도 와인을 좋아하는 사람일 것이다. 독일과 알자스 지방에서 재배하는 와인용 포도 품종인 게뷰르츠트라미너(Gewürztraminer)의 게뷰르츠와 같기 때문이다. 게뷰르츠의 의미는 향신료. 게뷰르츠브로트란 향신료를 넣은 빵을 말한다.

빵에 향신료를 넣는다는 것을 일본에서는 이상하게 생각할지 모르나 독일에서는 향신료 넣은 빵을 아주 많이 먹는다. 그리고 지역에 따라 사용되는 향신료가 다르다(P.193).

독일에서 사용 빈도가 높은 향신료는 캐러웨이, 아니스, 회향풀, 코리앤더. 향신료를 혼합한 것도 파는데, 이 혼합 향신료를 브로트뷰르츠(Brotgewürz)라고 한다. 이런 향신료 중에는 풍미가 강한 것도 있으므로 빵에 사용할 경우는 너무 많이 넣지 않도록 주의할 필요가 있다. 향신료는 반죽에 넣기도 하지만 빵의 표면에 뿌리기도 한다.

중세시대에는 오래된 빵 맛을 감추기 위해 향신료를 사용했다. 독일 북부에는 강력한 맛을 갖는 호밀 빵이 주류였기 때문에 향신료를 사용할 필요가 없었지만, 밀가루 빵이 많은 남부에는 향신료를 넣은 빵이 널리 확산되었다.

물론 현재는 이 같은 걱정을 할 필요가 없다. 향신료는 맛있는 빵의 풍미를 한층 더 살리는 악센트가 되고 있다. 어렴풋이 향신료의 향이 느껴지는 이 빵은 버터를 바르기만 해도 맛있게 먹을 수가 있다. 좀 독특한 치즈와도 잘 어울린다.

카르토펠브로트
Kartoffelbrot

* 지역: 독일 전역
* 주요 곡물: 밀, 호밀 등
* 발효 방법: 사워도, 이스트
* 용도: 식사 빵

재료(1개분)
중종※1
감자(삶아 껍질을 벗겨 으깬 것.
　따뜻한 상태로)···1060g
스펠트 밀 전립분···800g
생이스트···10g
올리브유···20g
소금···16g

※1 중종
스펠트 밀 전립분···225g
물(40℃)···225g
생이스트···0.3g
소금···5g

만드는 법
1 중종의 재료를 섞어 20℃에서 24시간 발효시킨다.
2 모든 재료를 가장 느린 속도로 5분, 그보다 빠른 속도로 1분 이겨, 좀 단단한 반죽을 만든다(반죽 온도 약 28℃).
3 24℃에서 2시간 정도 발효시킨다. 30분 후, 60분 후에 꾹 눌러 가스를 빼준다.
4 반죽을 둥글린 다음, 이음새 부분을 밑으로 해서 발효 바구니에 넣는다. 24℃에서 45분 정도 발효시킨다.
5 스팀을 주입한 250℃ 오븐에 넣고 200℃로 내려 60분가량 굽는다.

Tip
반죽을 2등분해 구워도 좋다.

카　르토펠(Kartoffel)은 감자를 말한다. 독일인은 감자를 많이 먹는다는 이미지를 갖고 있는데, 실제로 독일의 감자 소비량은 엄청나다. 한 사람당 평균 연간소비량이 58kg이나 된다.

독일인이 감자를 즐겨 먹는 데는 이유가 있다. 1746년에 프로이센의 프리드리히 대왕이 감자 재배와 소비를 장려했기 때문이다. 이때부터 감자 재배가 본격화되었고 동시에 소비도 확대되었다.

세계에는 약 4000종류나 되는 감자 품종이 있다. 그 중 독일에서 등록한 것은 210종이다. 감자는 일본과 마찬가지로 폭신폭신한 것도 있고, 묵직한 것도 있는데, 용도에 맞게 골라 사용한다.

감자를 빵에 넣을 때는 생감자를 거칠게 갈아 사용하기도 하고, 삶아 으깬 매쉬 포테이토를 만들어 사용하기도 한다. 또한 드라이 매쉬 포테이토, 플레이크, 감자 전분, 섬유 등을 사용하기도 한다. 생감자를 사용하면 감자의 맛을 직접적으로 느낄 수 있지만 반죽의 결이 나빠질 수 있다. 또한 감자에는 수분이 많아 반죽할 때는 물의 양을 잘 조절해야 한다. 같은 품종의 감자라도 그때의 상태에 따라 수분의 양 등 레시피를 조절할 필요가 있다.

감자를 싫어하는 사람이 있을지도 모르나 이 빵은 감자를 넣었다는 것만으로도 맛있게 느껴진다. 찰기가 있는 식감과 어렴풋한 감자의 풍미가 우리에게도 친숙하게 느껴지는 빵이다.

감자로 만든 면 슈프누덴. 독일 남부와 오스트리아의 향토 음식이다.

카르토펠브로트라고 부르는 감자 팬케이크. 독일에서는 감자를 요리에 많이 사용한다.

키르히베르크 풍
카르토펠브로트

Kirchberger Kartoffelbrot

＊지역: 독일 남부 바덴 뷔르템부르크
＊주요 곡물: 밀, 호밀
＊발효 방법: 사워도, 이스트
＊용도: 식사 빵

재료(1개분)

중종※1	※1 종중
밀가루550…350g	밀가루550…125g
호밀가루 1150 …25g	우유(지방분 3.5%) …125g
우유…100~125g	생이스트…1g
소금…15g	
감자…500g	

만드는 법

1 중종의 재료를 섞어 실온에서 2시간, 그 후 4~6℃에서 20시간 발효시킨다.
2 감자를 삶아 껍질을 벗긴 다음 식혀 포크로 으깬다.
3 소금 이외의 재료를 천천히 5분, 빠른 속도로 8분 반죽한다. 처음에는 잘 뭉쳐지지 않지만 이기는 사이에 반죽이 만들어진다. 소금을 넣고 5분간 반죽한다.
4 커버를 씌워 24℃에서 90분간 휴지시킨다. 45분 지나면 반죽을 뒤집는다.
5 잘 치대 둥글린 다음, 이음새 부분을 위로 해서 전립분(분량 외)을 뿌린 발효 바구니에 넣고 발효될 때까지 30분간 발효시킨다.
6 이음새 부분을 밑으로 해서 남은 가루를 뿌리고 표면에 뜨거운 물을 바른다.
7 250℃ 오븐에 넣고 200℃로 내려 60분가량 굽는다. 다 구워진 후에는 즉시 뜨거운 물(분량 외)을 분사한다.

Tip

반죽을 2등분해 구워도 좋다.

카 르토펠브로트(→p.68)처럼 감자를 넣은 빵이나 키르히베르크 풍 카르토펠브로트 쪽이 크러스트가 더 검다.

감자의 양 때문이다. 감자를 많이 넣으면 감자의 전분으로 인해 색이 검어진다. 보기에는 흑빵이지만 독일의 빵 분류에서는 바이첸미슈브로트(→p.186)에 해당하는 밀가루의 비율이 높은 빵이다. 그렇기 때문에 슬라이스해 보면 속은 깨끗한 크림색을 띤다.

키르히베르크 풍 카르토펠브로트는 봉지에서 꺼낸 순간 감자의 풍미가 확 풍긴다. 크러스트는 딱딱하지 않고 전체적으로 묵직하다. 쫀득쫀득한 식감도 기분 좋다. 딱딱한 빵을 싫어하는 사람이라도 거부감 없이 먹을 수 있는 빵이다.

감자의 풍미가 확실히 느껴지므로 심플하게 버터만 발라 먹어도 좋지만 허브와 함께 먹거나 치즈를 올려 먹어도 맛있다.

뮤즐리브로트
Müslibrot

* 지역: 독일 전역
* 주요 곡물: 밀, 호밀 등
* 발효 방법: 사워도, 이스트
* 용도: 식사 빵

재료(1개분)

밀 사워도※1
쿠베르슈토크※2
오토리즈 반죽*3
호밀가루1150…50g
소금…58
귀리 플레이크…
　적당량
※1 밀 사워도
밀 전립분…100g

물…80g
스타터…10g
※2 쿠베르슈토크
뮤즐리…100g
우유…100g
※3 오토리즈 반죽
밀가루550…200g
물…120g

만드는 법

1 밀 사워도의 재료를 섞어 실온에서 20시간 발효시킨다.
2 쿠베르슈토크를 만든다. 뮤즐리와 우유를 섞어 냉장고에 8시간 이상 놔둔다.
3 오토리즈 반죽을 만든다. 밀가루와 물을 가볍게 손으로 반죽하고 나서 커버를 씌워 20분 정도 휴지시킨다.
4 모든 재료를 매끄러운 반죽이 될 때까지 잘 치댄다.
5 약 24℃에서 4시간 정도 발효시킨다. 30분 후, 60분, 2시간, 3시간 후에 반죽을 되접어 꺾는다.
6 반죽을 동글린 다음 이음새 부분을 위로 해서 발효 바구니에 넣는다. 24℃에서 60분 정도 발효시킨다.
7 이음새 부분을 밑으로 해서 물(분량 외)을 바르고 귀리 플레이크를 뿌린다. 십자로 칼집을 넣는다.
8 스팀을 주입한 250℃ 오븐에 넣고 210℃로 내려 50분가량 굽는다.

시　리얼을 좋아하는 사람이라면 뮤즐리를 알고 있을 것이다. 뮤즐리는 오트밀 등의 곡물에 말린 과일, 견과류, 씨앗류 등을 혼합한 시리얼의 일종으로 주로 우유나 과일 주스, 요구르트 등을 넣고 섞어 먹는다. 뮤즐리는 스위스 독일어이며, 표준 독일어로는 무스(퓨레 상태의 것)에 해당한다.

　뮤즐리브로트는 바로 이 뮤즐리를 넣은 빵을 말한다. 뮤즐리브로트에는 견과류나 건조 과일이 들어 있어 빵만 먹어도 충분히 맛있다. 크림치즈와 잘 어울

리지만 소금기가 있는 햄이나 리버 페이스트를 발라 먹어도 맛있다.

시판되는 조식용 뮤즐리. 여러 가지 곡물에 건조 과일이나 견과류 등이 들어 있다.

토스트브로트

Toastbrot

* 지역: 독일 전역
* 주요 곡물: 밀, 스펠트 밀
* 발효 방법: 사워도, 이스트
* 용도: 식사 빵, 샌드위치

재료(1개분)

중종※1
밀 사워도※2
메르코호슈토크※3
소금, 이스트 믹스※4
밀가루550···450g
우유(지방분 3.5%)···75g
물···15g
버터···40g
설탕···9g

※1 중종

밀가루550···150g
물···90g
생이스트···3g
소금···4.5g

※2 밀 사워도

밀 전립분···50g
우유···100~125g
우유(지방분 3.5%)···30g
밀 사워도 유래 스타터···6g

※3 메르코호슈토크

밀가루550···18g
우유(지방분 3.5%)···90g

※4 소금, 이스트 믹스

생이스트···8g
소금···6g
물···60g

만드는 법

1 중종의 모든 재료를 주걱이나 손으로 잘 섞어, 실온에서 2시간 발효시킨 다음, 4~6℃의 냉장고에 48시간 넣어둔다.

2 밀 사워도를 만든다. 재료를 고루 섞어 18시간 실온에서 발효시킨다.

3 메르코호슈토크를 만든다. 우유에 밀가루를 섞어 65℃ 이상으로 가열한다. 걸쭉한 상태가 되면 불을 끄고 2분간 저어 섞는다. 식으면 뚜껑을 덮어 4시간 이상 보관한다.

4 소금과 이스트 믹스를 만든다. 재료를 잘 섞어 뚜껑을 덮은 다음, 냉장고에 8~12시간 넣어둔다.

5 버터와 설탕 이외의 재료를 가장 느린 속도로 5분, 그보다 빠른 속도로 10분 이겨, 좀 단단한 반죽을 만든다. 버터를 넣어 5분 반죽한다. 설탕을 넣으면서 2분간 반죽한다. 다 완성되면 반죽은 단단한 듯하지만 잘 펴지고 윤기가 생긴다. 24℃에서 60분간 발효시킨다.

6 반죽을 길이 30㎝로 늘린다. 4등분해 22×10×9㎝의 틀에 늘어놓는다. 24℃에서 60분간 발효시킨다.

7 스팀을 주입한 250℃ 오븐에 넣고 200℃로 내려 45분가량 굽는다.

독 일 빵에 대해 조금이라도 아는 사람이라면 "독일 사람들이 토스트를 해먹는다?" 하며 이상하게 생각할지도 모른다. 이렇게 생각하는 것이 당연하지만 빵을 토스트해 먹는 일이 적은 독일에도 토스트 빵은 있다.

토스트브로트는 고대 로마나 이집트에도 있었다고 한다. 토스트의 이미지가 강한 영국에서는 긴 역사가 있다. 독일의 경우는 양상이 달라 역사가 있는 빵이라 할 수는 없다. 독일에 토스트 빵이 들어온 것은 1950년대의 일이다. 토스터 그 자체는 1910년대에 이미 있었지만 당시 독일에서는 그라우브로트(→p.32)용으로 사용했다고 한다.

독일에서 토스트 빵에 불을 붙인 것은 1950년대. TV의 요리 쇼에서 요리사 클레멘스 빌멘로트(Clemens Wilmenrod)가 '토스트 하와이'를 소개했을 때이다. '하와이'가 상상될지도 모르지만, 먼저 토스트를 구워 버터를 바르고 나서 햄과 파인애플 슬라이스를 올린다. 여기에 녹는 타입의 치즈를 올려 180℃ 오븐에서 약 10분 구운 것이 바로 토스트 하와이다. 이 방송 후 '토스트 하와이'는 독일 국민의 일상에 침투해 들어갔고 토스트라 하면 '토스트 하와이'를 가리킬 정도로 대중화되었다.

이 '토스트 하와이'에 없어서는 안 되는 빵이 토스트브로트다. 토스트 빵은 밀가루를 메인으로 만들며, 버터 등의 유제품과 우유가 들어간다. 토스트브로트는 일본의 토스트나 식빵만큼 크지도 않고 부드럽지도 않다.

슈퍼마켓 등에서는 이미 슬라이스 해놓은 것을 판매한다. 배고파 뭔가 서둘러 먹고 싶을 때 먹기 좋고, 손쉽게 샌드위치를 만들 수 있어 편리하다.

자우어크라우트브로트

Sauerkrautbrot

＊지역: 독일 전역
＊주요 곡물: 밀, 호밀
＊발효 방법: 사워도, 이스트
＊용도: 식사 빵

재료(1개분)

호밀 사워도※1
쿠베르슈토크※2
밀가루550…90g
버터 밀크…75g
귀리 플레이크
　…75g
자우어크라우트(물기
　를 짜둔다)…75g
햄 또는 베이컨 잘게
　썬 것…75g
소금…11g

※1 사워도

호밀가루1150…90g
물…75g
스타터…20g

※2 쿠베르슈토크

거칠게 빻은 밀가루
　(중간)…150g
물…150g
주니퍼 베리
　(으깨둔다)…5알
캐러웨이(통)…
　1/2작은술

만드는 법

1 호밀 사워도의 재료를 섞어 실온에서 16~20시간 발효시킨다.

2 쿠베르슈토크를 만든다. 모든 재료를 섞어 냉장고에서 5시간 이상 불린다.

3 밀가루와 버터밀크를 섞고 커버를 씌워 30분간 휴지시킨다.

4 모든 재료를 가장 느린 속도로 5분, 그보다 빠른 속도로 10~15분 반죽해, 달라붙지 않는 좀 단단한 반죽을 만든다. 24℃에서 60분간 발효시킨다.

5 잘 치대 성형한 다음, 발효 바구니에 넣어 60~90분간 발효시킨다.

6 스팀을 주입한 250℃ 오븐에 넣고 200℃로 내려 40분가량 굽는다.

자　우어크라우트는 일본에서도 알고 있는 사람이 많은 대표적인 독일 식품이다. 자우어크라우트를 식초절임 양배추라고 번역하는 일이 많으나 사실 이것은 맞지 않다. 자우어크라우트는 유산 발효시켜 산미를 내는 발효식품으로 식초가 전혀 들어가지 않기 때문이다.

　독일에서는 자우어크라우트를 그냥 먹기도 하지만, 고기나 향신료를 넣어 끓여 먹기도 하고 다른 야채나 과일을 넣어 샐러드로 먹는 등 자우어크라우트를 폭넓게 사용한다.

　자우어크라우트를 빵에 넣은 것이 바로 자우어크라우트브로트다. 자우어크라우트는 물기를 짜서 반죽에 섞는데, 많이 넣지 않아도 자우어크라우트 특유의 새콤한 향이 난다. 가열하면 산미가 날아가기 때문에 신맛을 싫어하는 사람도 염려할 필요는 없다. 빵 반죽은 밀가루와 호밀가루를 절반씩 넣는 미슈브로트(→p.186)이므로 산미는 강하지 않다.

　이러한 야채가 들어간 빵은 식사로 먹기에 적합하다. 야채를 곁들이는 느낌으로 고기요리와 함께 먹으면 좋다.

카로텐브로트

Karottenbrot

* 지역: 독일 각지
* 주요 곡물: 밀, 호밀
* 발효 방법: 사워도, 이스트
* 용도: 식사 빵

재료(1개분)

호밀 사워도※1
브류슈토크※2
밀가루550…125g
밀가루1050…125g
호밀가루1150…45g
소금…11g
물…100g
당근(거칠게 다진 것)
　…90g
호박씨…적당량
참깨…적당량

※1 사워도

호밀가루1150
　…130g
물(35℃)…120g
스타터…13g

※2 브류슈토크

귀리 플레이크
　…25g
해바라기 씨…35g
호박씨…30g
아마인…25g
뜨거운 물…160g

만드는 법

1. 호밀 사워도의 재료를 고루 섞은 다음, 28℃에서 20℃로 서서히 내리면서 18시간 발효시킨다.
2. 브류슈토크를 만든다. 재료를 섞은 다음, 식혀서 냉장고에서 12시간 이상 불린다.
3. 당근, 호박씨, 참깨 이외의 재료를 합쳐 천천히 5분, 볼에 붙지 않을 정도로 치댄다. 당근을 넣고 2분 치댄다(반죽 온도 약 27℃). 약 24℃에서 45분간 발효시킨다.
4. 성형한 다음 호박씨와 참깨를 뿌린다. 이음새 부분을 밑으로 해서 커버를 씌우고 24℃에서 70분간 발효시킨다.
5. 표면에 물(분량 외)을 분사하고 나서 스팀을 주입한 250℃ 오븐에 넣고 200℃로 내려 50분가량 굽는다.

Tip

반죽을 2등분해 구워도 좋다.

카 로테(Karotte)는 영어로 하면 캐럿(carrot), 당근을 말한다. 독일에서는 당근을 부르는 이름이 각 지방에 따라 다르다. 카로테 다음으로 많은 것은 메뢰, 독일 북부에서 이렇게 부른다. 스위스 독일어로는 류브리라고 한다. 카로테는 영어 캐럿과 어원이 같은 라틴어 carota. 메뢰 쪽은 게르만어, 슬라브어, 그리스어에 남아 있는 '뿌리'를 의미하는 말에서 유래되었다.

카로텐브로트는 당근을 거칠게 갈아 넣고 섞어 구운 빵이다. 당근과 함께 귀리나 아마인, 호박씨, 호두 등을 넣는 것도 있다. 빵 반죽에 사용하는 곡물은 밀가루가 메인. 호밀을 섞기도 한다.

슬라이스 했을 때 당근의 오렌지색이 예쁘다. 견과류나 씨앗류가 함께 들어 있으면 식감이 더욱 좋아진다. 야채를 함께 먹을 수 있는 편리한 빵이다.

츠뷔벨브로트
Zwiebelbrot

*지역: 독일 각지
*발효 방법: 사워도, 이스트
*주요 곡물: 밀, 호밀
*용도: 식사 빵

재료(1개분)

호밀 사워도[*1]
중종[*2]
쿠베르슈토크[*3]
호밀 전립분···50g
밀가루1050···150g
생이스트···5g
올리브유···25g+적당량
액체 몰트···15g
양파(대)···3~4개
벌꿀···2작은술

※1 호밀 사워도
호밀 전립분···150g
물···150g
스타터···15g

※2 중종
밀가루1050···50g
물···50g
생이스트···0.2g

※쿠베르슈토크
귀리 플레이크···100g
소금···10g

만드는 법

1 호밀 사워도, 중종의 각 재료를 섞은 다음, 실온에서 14~18시간 발효시킨다.
2 쿠베르슈토크를 만든다. 재료를 섞어 냉장고에 8시간 이상 넣어둔다.
3 양파를 통째로 큼직큼직하게 썬다. 프라이팬에 올리브유 적당량을 넣고 양파가 노릇노릇해질 때까지 20~30분 볶는다. 여기에 벌꿀을 넣고 약불로 5~10분, 갈색이 될 때까지 볶은 후 식힌다.
4 3 이외의 재료를 가장 느린 속도로 5분, 그보다 빠른 속도로 8분간 반죽한다. 볼에 달라붙지 않고 바로 떨어지는 반죽이 좋다. 3을 넣어 가장 느린 속도로 2~3분 반죽한다.
5 23~25℃에서 60분간 발효시킨다.
6 반죽을 둥글게 치댄 다음 콘스타치(분량 외)를 뿌린 발효 바구니에 넣어 60분간 발효시킨다.
7 표면에 물(분량 외)을 뿌린 다음, 스팀을 주입한 250℃ 오븐에 넣어 50분간 굽는다. 10분 후에 스팀 주입을 멈추고 200℃로 내려 굽는다. 다 구워지면 물을 바르든지 분사한다.

Tip
반죽을 2등분해 구워도 좋다.

츠뷔벨(Zwiebel)이란 양파를 말한다. 츠뷔벨브로트는 양파를 넣은 빵을 가리키는데, 양파는 볶아 넣는 경우가 많다. 독일인은 볶은 양파를 아주 좋아해, 독일 남부의 명물요리 슈페츠레에는 치즈와 바삭바삭하게 볶은 양파를 곁들여 먹는다.

사용하는 곡물은 밀가루와 호밀가루가 거의 절반. 어느 쪽 비율이 높으냐에 따라 빵이 달라진다. 이렇게 소재의 절묘한 사용으로 만드는 사람의 개성을 표현할 수 있는 것도 독일 빵의 즐거움이다.

뷔즌브레첸
Wiesnbrezn

＊지역: 독일 남부 바이에른 지방　＊주요 곡물: 밀
＊발효 방법: 이스트　＊용도: 옥토버페스트 기간

재료(3개분)

중종※1
메르코호슈토크※2
밀가루550···530g
냉수···10g
생이스트···10g
버터···15g
밀 사워도···35g
라우게(4%)···적당량
굵은 소금···적당량

※1 중종
밀가루550···95g
물···95g
생이스트···0.1g

※2 메르코호슈토크
물···300g
밀가루550···60g
소금···13g

만드는 법

1 중종의 재료를 고루 섞어 20℃에서 20시간 발효시킨다.
2 메르코호슈토크를 만든다. 재료를 불에 올려 섞으면서 끓인다. 1~2분 지나면 불을 끄고 카스타드 상태가 될 때까지 섞는다. 뚜껑을 덮어 냉장고에 4~12시간 넣어둔다.
3 라우게(잿물)와 굵은 소금 이외의 재료를 천천히 5분간 섞은 다음, 속도를 올려 8분 치대, 탄력이 있고 달라붙지 않는 반죽을 만든다.(반죽 온도 약 22℃).
4 22℃에서 60분간 발효시키고 30분 지나면 꾹 눌러 가스를 빼준다.
5 반죽을 3등분해서, 둥글린 다음, 10분간 휴지시킨다. 길이 30~40㎝, 같은 굵기로 늘려서 5~10분간 휴지시킨다.
6 길이 80~90㎝로 늘려서 브레첼을 만든다. 커버를 씌우지 않고, 가능하면 서늘한 곳에 20분간 놔둬 표면을 건조시킨다.
7 라우게(잿물)에 4초 담갔다가 굵은 소금을 뿌린다.
8 230℃ 오븐에서 스팀 주입을 하지 않고 25분가량 굽는다.

Tip

라우게를 칠할 때 모양이 일그러지지 않도록 좀 얼려도 좋다. 구울 때는 내부가 건조할수록 좋으므로 가능하면 오븐의 문을 살짝 열어둔다.

뷔 즌(Wiesn)이란 맥주 축제 옥토버페스트 (Oktoberfest)를 말한다. 바이에른 방언으로 옥토버페스트 장소인 '전시장용 목초지'를 의미한다. 옥토버페스트는 매년 9월 말부터 16일간 개최되며 독일 국내외에서 600만여 명의 인파가 몰려든다.

뷔즌브레첸을 만드는 법은 바이에른 풍 브레첼(→ p.84)과 같지만 크기가 다르다. 뷔즌브레첸 규정에는

다 구워진 상태에서 250g 이상 돼야 하고 옥토버페스트에서 판매가 허용되는 업태도 정해져 있다. 옥토버페스트가 열리는 16일 동안 소비되는 뷔즌브레첸만 해도 1500만 개가 넘는다. 축제 전시장 내의 텐트에 앉아 있으면 바구니에 담긴 브레첸을 파는 아이가 다가온다. 옥토버페스트 기간은 뮌헨 시내의 빵집에서도 뷔즌브레첸을 살 수 있다.

플람쿠헨
Flammkuchen

* 지역: 독일 남서부, 바덴 지방 등
* 주요 곡물: 밀
* 발효 방법: 빵효모
* 용도: 간식, 스낵, 술안주

재료(3개분)
중종[1]
밀가루550···215g
물···85g
소금···6g
양파(슬라이스)···1/2개
베이컨(자른 것)···150g
샤워크림···200g

※1 중종
밀가루550···100g
물···100g
생이스트···0.1g

만드는 법
1 중종의 재료를 섞어 실온에서 18~20시간 발효시킨다.
2 중종, 밀가루, 물, 소금을 가장 느린 속도로 5분, 그보다 빠른 속도로 5~7분 반죽한다. 달라붙지 않고 잘 늘어나면 된다. 냉장고에서 24시간 발효시킨다.
3 반죽을 3등분해 각각 1~2mm 두께로 편다.
4 샤워크림을 바른 다음, 양파와 베이컨을 뿌린다.
5 300℃ 이상의 오븐에서 5분가량 굽는다.

Tip
소금, 후추, 잘게 썬 파슬리를 뿌려도 좋다.

플람쿠헨은 불꽃(플람)의 케이크(쿠헨)라는 의미다. 케이크라고는 해도 달콤한 케이크가 아니라 빵 반죽을 피자보다 더 얇게 펴서 구운 것이다. 장작 가마로 빵을 굽던 시절에는 가마의 온도를 확인하기 위해 먼저 이 플람쿠헨을 넣었다. 플람쿠헨이 즉시 타버릴 경우에는 온도가 너무 높다는 것을 알 수 있었다. 반대로 굽는 데 시간이 걸리는 경우에는 온도를 올릴 필요가 있다고 판단했다. 가마에 반죽을 넣을 때 안에서는 불꽃이 일고 있는 상태이므로 '불꽃의 케이크'라는 이름이 붙었다.

표준 타입은 반죽에 샤워크림을 바르고 양파와 베이컨을 올린 것. 반죽이 얇고 파삭파삭하게 구워지기 때문에 얼마든지 먹을 수 있다.

각 지방에서 이름이나 레시피를 변형시킨 것도 있다. 뷔르템베르크에서는 히체쿠헨(Hitzkuchen)이라 하며, 포테이토 퓨레나 양파 링을 올리기도 한다. 프랑켄 지방에서는 프로츠(Blootz)나 브라츠(Blaatz)라고 한다. 헤센에도 이와 비슷한 것이 있다. 오버슈바벨 지방에서는 데오테(Dinnete)라 해서 애플시나몬이나 치즈를 올린 것도 있다.

이웃나라 프랑스 알자스 지방에서도 플람쿠헨을 먹을 수 있다. 알레만 방언이나 알자스 방언으로는 플람메쿠에헤(Flammekueche), 일반적인 프랑스어로는 타르트 프랑페(tarte flambee)라고 부르는 것이 바로 이 플람쿠헨이다.

플람쿠헨은 술 안주로 제공하기도 한다. 와인술집에 가면 그 고장의 백포도주를 기울이면서 플람쿠헨을 먹는 사람들의 모습을 볼 수 있다.

슬라이스한 주키니를 토핑한 버전. 토핑을 고르는 즐거움도 플람쿠헨을 먹는 재미이기도 하다.

두 사람은 원래 알았던 사이일까? 편력 수업 중에 만난 동료는 서로 든든한 마음의 벗이 될 수 있다.

Column 3

제빵사의 편력(遍歷) 수업

편력은 제빵사가 되기 위한 수업

독일에는 마이스터 제도라는 특유의 기술 및 기능 인력 제도가 있다. 일본과 크게 다른 이 직업자격 제도는 제빵사에게도 적용된다. 이 마이스터 제도에 속한 것에 게젤레(Geselle) 기능인이라는 자격이 있다. 이 게젤레에 대해서는 일본에 거의 알려져 있지 않다. 한 곳에서 수업을 마치면 다음 수업을 받을 곳으로 가야 하는, 말 그대로 편력(遍歷:이곳저곳을 돌아다니며 여러 가지를 경험함) 수업을 하는 자격 제도다. 이 편력 수업이 어떤 것인지 알아보자.

마이스터 시험을 위한 필수 과정

독일에서 빵집을 경영하려면 마이스터 자격이 필요하다. 마이스터가 되려면 시험에 통과해야 하지만, 그 전에 직업훈련을 받거나 직업학교에 다니며 수업을 받아야 한다(→p.211).

수공업 직인(職人)의 경우, 그 전 단계로 게젤레라는 자격이 있다. 게젤레 시험에 합격하면 어엿한 직인으로 인정받는다.

중세부터 게젤레 시험에 합격한 기능인은 수년간 그 고장을 떠나 다른 곳에서 수업을 받아야 하는 관습이 있었다. 이것을 편력 기간이라 한다. 대략 30~35가지 직종에 이 편력 수업이 있는데, 제빵사의 경우 베카바르츠라 하는 편력 수업을 받는다.

견문을 넓히기 위한 편력 수업

이 편력 수업의 관습은 19세기까지 마이스터 시험을 치르기 위한 의무과정으로 되어 있었다. 목적은 모르는 곳에 가서 새로운 지식과 기술을 배우고 경험을 쌓게 하는 데 있다. 19세기 이전에는 현재와 같이 정보가 발달한 시대가 아니었기 때문에 실제로 다른 세상을 체험해 보지 않으면 지식과 정보를 얻을 수 없었다.

편력수업 기간은 시대나 직종, 장소에 따라 다르지만, 어떤 곳에서는 6년, 마이스터의 자녀는 3년이라는 정해진 기간이 있다.

편력수업 기간은 수련생 신분으로 아직 정주자가 아니기 때문에 결혼은 인정되지 않는다. 한 곳에서 수업을 마치면 그곳의 마이스터가 쿤트샤프트라는 증명서를 발급해준다. 이 증명서가 없으면 다음 장소에서 일할 곳을 찾기 어렵다. 현재는 편력수업이 의무는 아니다. 게젤레 시험에 합격한 후 즉시 마이스터 시험 준비에 들어갈 수 있다.

지금도 행해지는 편력 수업

제빵 직인의 편력 수업 기간은 3년하고도 하루. 그 고장에서 50km 떨어진 곳으로 나가야 한다. 갖고 가는 것은 옷가지 등 최소한의 필수품을 보자기 같은 천에 싸서 들고 다닌다. 휴대전화, 노트북 등의 휴대는 인정하지 않는다. 여행지에서 일을 찾으면 그곳에 정착해 일을 하고 급료를 받는다.

편력 중인 게젤레는 보면 즉시 편력 수업을 받는 사람이라는 걸 알게 된다. 왜냐하면 클루프트(Kluft)라 하는 특별한 복장을 하고 있기 때문이다.

클루프트는 자켓, 조끼, 셔츠, 바지에 모자가 세트로 되어 있다. 모자는 실크 모자나 중산모, 또는 차양이 넓은 모자, 바지는 코르덴 나팔바지, 조끼는 단추가 8개(하루의 노동시간을 표시한다) 달린 것을 입는다. 신발은 검정구두나 부츠이며, 슈텐츠라는 지팡이

1 혼자 편력 수업에 나섰다. 복장으로 한눈에 편력 수업 중임을 알 수 있다.
2 제빵 직인의 표시인 브레첼이 붙은 지팡이와 갈아입을 옷을 넣은 샤르로텐부르가
3 반다브프라 불리는 수첩. 편력 기간 동안 방문한 도시와 수업 받은 곳이 기록되어 있다. 편력 수업에 나가는 게젤레의 필수 휴대품으로, 마이스터가 이 수첩에 수업을 인정하는 문구를 써주었다.
4 미래의 제빵 마이스터들. 편력 수업은 이들 인생의 커다란 재산이 될 것이다.

를 들고 있다. 귀고리나 자신이 속한 조합 표시를 하고 다니는 경우도 있다.

복장은 직종에 따라 색이 다르다. 가구 직인은 주로 검정색, 재봉의 경우는 빨강, 석공, 금속세공사는 청색 등이다. 제빵사의 경우는 새발자국 무늬를 교차시킨 격자무늬 옷을 입는다.

편력 수업을 하는 곳은 독일 국내에 한하지 않고 유럽 내, 최근에는 바다를 건너 해외로 여행을 가는 경우도 있다. 다른 곳에서는 찾아볼 수 없는 독특한 편력 수업 제도는 2015년 3월 16일 독일 무형문화유산의 하나로 등록되었다.

소형 빵

Kleingebäck

* * *

수많은 독일 빵 중에서 가장 종류가 많은 것이 중량 250g 이하의 소형 빵. 그 수가 무려 1200가지다. 매일의 식탁, 특히 아침 식사에 빼놓을 수 없는 빵으로, 일본에도 알려져 있는 브레첼이나 카이저젬멜도 소형 빵의 일종이다. 소형 빵은 그대로 먹기도 하고 치즈를 끼워 샌드위치를 만들어 먹기도 한다. 노점에서 볼 수 있는 것도 소형 빵이다. 소형 빵은 제대로 된 한 끼 식사는 되지 못해도 출출할 때 먹기에 좋다.

바이에른 풍 브레첼
Bayerische Brezel

* 지역: 독일 남부 바이에른 지방
* 주요 곡물: 밀
* 발효 방법: 이스트
* 용도: 식사 빵, 간식, 스낵

재료(9개분)
중종※1
페이스트※2
밀가루550⋯530g
냉수⋯10g
생이스트⋯10g
버터⋯15g
밀 사워도⋯35g
라우게(4%)⋯적당량
굵은 소금⋯적당량

※1 중종
밀가루550⋯95g
물⋯95g
생이스트⋯0.1g

※2 페이스트
물⋯300g
밀가루550⋯60g
소금⋯13g

만드는 법
1 중종의 재료를 섞어 20℃에서 20시간 발효시킨다.
2 페이스트의 재료를 불에 올려 섞으면서 끓인다. 1~2분 지나면 불을 끄고 카스타드 상태가 될 때까지 섞는다. 뚜껑을 덮어 냉장고에 4~12시간 넣어둔다.
3 모든 재료를 천천히 5분 정도 섞은 다음, 속도를 올려 8분간 반죽한다.
　※ 탄력이 있고 달라붙지 않는 반죽을 만든다(반죽 온도 약 22℃).
4 22℃에서 60분간 발효시키고 30분 지나면 꾹 눌러 가스를 빼준다.
5 반죽을 9등분해, 둥글린 다음, 10분간 휴지시킨다.
6 같은 굵기로 길이 50cm로 늘린 다음, 5~10분간 휴지시킨다.
7 길이 65~70cm로 늘려 성형한다.
8 커버를 씌우지 않고 가능하면 서늘한 곳에 20분간 놔둬 표면을 건조시킨다.
9 라우게(잿물)에 4초 담갔다가 굵은 소금을 뿌린다.
10 230℃ 오븐에서 15분간, 스팀 주입을 하지 않고 굽는다.

Tip
구울 때는 가능하면 오븐의 문을 열어 보다 건조한 상태로 만드는 것이 좋다.

일본에서 독일 빵이라 하면 가장 먼저 생각나는 빵이 브레첼일 것이다. 맛있어 보이는 색과 독특하게 꼬아놓은 모양, 일률적이지 않은 굵기와 칼집 등 시각을 자극하는 보기에도 즐거운 빵이다.

이 타입의 브레첼은 독일에서는 뮌헨을 중심으로 하는 바이에른 주에서 먹는다. 이곳에서는 브레첸, 브레체, 뮌헨 브레첸이라고도 한다.

기본 모양은 같지만 바이에른 풍은 슈바벤 풍과는 달리 전체적으로 굵기가 일정하고 가장 굵은 배 부분에 칼집을 넣지 않고 부풀어 올랐을 때 자연스럽게 갈라진 틈이 생긴 것을 잘 만들어진 것으로 평가한다. 변형으로서는 커다란 뷔즌브레첸(Wiesnbrezn) (→p.77) 등이 있다.

뮌헨 아이들의 일상에는 빼놓을 수 없는 브레첼. 바이스바르스트 같은 소시지와 함께 아침 식사에도, 오후의 경식인 브로트차이트(→p.28)에도, 간식을 먹을 때도 등장하는 빵이다. 뮌헨 사람들의 정체성이라 해도 과언이 아닌 존재다.

이를 입증하듯 2014년 바이에른 풍 브레첼은 EU의 지리적 표시보호(생산, 가공, 조정 중 적어도 어느 하나가 그 지역에서 행해져야 한다)에 등록되었다. 등록된 명칭은 Bayerische Breze, Bayerische Brezn, Bayerische Brez'n, Bayerische Brezel 네 가지다.

뮌헨의 레스토랑에서 먹는 아침 식탁. 브레첼을 바구니에 가득 담아 내놓는다.

브레첼 변형

슈바벤 풍 (라우겐) 브레첼
Schwäbische (Laugen) Brezel

＊지역: 주로 독일 남부 슈바벤 지방
＊주요 곡물: 밀
＊발효 방법: 이스트
＊용도: 식사 빵, 스낵

재료(10개분)

중종[1]
밀가루···400g
소금···9g
생이스트···10g
버터···25g
물···185g
라우게(잿물)···적당량

※1 중종

밀가루···100g
물···65g
생이스트···1g

만드는 법

1 중종의 재료를 섞은 다음, 냉장고에 하룻밤 넣어둔다.
2 라우게(잿물) 외의 재료를 잘 갠다(반죽 온도 약 22℃). 5~10분간 휴지시킨다.
3 반죽을 1개에 80g이 되게 나눈 다음 성형한다. 30~45분간 발효시킨다.
4 냉장고에 넣어 좀 단단한 반죽을 만든다.
5 반죽을 냉장고에서 꺼내 표면이 좀 해동해 부드러워지면 칼집을 넣어 라우게(잿물)에 담갔다가 꺼낸다.
6 230℃ 오븐에 넣고 12분가량 굽는다.

Tip

3을 발효시킬 때, 발효용기를 사용할 경우에는 꺼낸 후에 표면을 건조시킨다. 4의 냉장고에 넣을 때는 반죽의 속까지 단단하게 할 필요는 없다. 라우게를 적실 때 모양이 일그러지지 않을 정도가 좋다. 취향에 맞게 소금이나 참깨를 뿌려 구워도 좋다.

독 일 바이에른의 뮌헨 토박이가 그 고장의 브레첼인 바이에른 풍 브레첼(→p.84)이 자랑이라면 슈베반 사람들도 이에 가만히 있지는 않는다. 자신들의 브레첼이 더 맛있다고 생각하기 때문이다.

슈바벤 풍 브레첼의 특징은 가는 팔(중앙의 교차한 부분)과 배(가장 굵은 부분)의 굵기 차이가 뚜렷하다는 것. 팔이 가늘다는 것은 바삭한 식감을 즐길 수 있다는 것을 의미한다. 배에는 칼집이 한 개 들어가 벌어진 부분이 하얗게 보인다. 이 부분은 라우게를 사용해 노릇노릇하게 구운 본체와 대조되어 더 예쁘게 보인다. 바삭바삭한 팔과 불룩해 쫀득쫀득한 배 부분, 1개로 2종류의 식감을 즐길 수 있는 점이 이 브레첼만의 특징이다.

바이에른 풍 브레첼은 반죽에 유지를 많이 넣지는 않으나 이 슈바벤 풍은 버터, 라드, 오일 같은 유지를 섞는다. 이렇게 하면 반죽에 끈기가 생겨 칼집이 잘 들어간다.

칼집을 넣는 방법은 특히 정해져 있지는 않다. 똑바로 넣기도 하고 커브에 따라 넣기도 하고 짧게 넣기도 하고 길게 넣기도 하는 등 만드는 사람에 따라 다르다.

전체 모양도 약간 옆으로 넓은 타원으로 만들기도 하고 세로로 길게 만들기도 하고 약간 각을 세워 네모난 모양으로 만들기도 한다. 언뜻 보기에는 같아 보여도 만드는 사람에 따라 차이가 있다.

만드는 사람에 따라 표정도 다르다. 그렇기 때문에 자기 취향의 슈바벤 풍 브레첼이 생겨났다.

© Bäckerei Haring

슈바벤 동부 비베라흐에는 파스텐브레첼이 있다. 파스텐은 단식의 의미. 신년부터 부활절까지 나온다. 베이글 비슷한 식감이며 라우게를 사용하지 않는 점이 특징이다.

파스텐브레첼을 만드는 몇 집 안 되는 빵집 '베케라이 헤링'에서 빵을 굽고 있다. 옛날 어느 빵집 견습생이 라우게를 준비하는 것을 잊어버렸고 이에 화가 난 마이스터는 브레첼을 라우게 대신 끓는 물 속에 처넣었다. 이렇게 해서 탄생한 것이 파스텐브레첼이다.

© Bäckerei Haring

브레첼 변형

라우겐브뢰첸
Laugenbrötchen

* 지역: 독일 남부
* 주요 곡물: 밀
* 발효 방법: 이스트
* 용도: 식사 빵, 간식, 스낵

재료(10개분)
중종※1
밀가루···400g
소금···9g
생이스트···15g
버터···25g
냉수···185g
라우게(잿물)···적당량
굵은 소금···적당량

※1 중종
밀가루···100g
물···65g
생이스트···1g(드라이의 경우는 1/3g)

만드는 법
1 중종의 재료를 치댄 다음, 냉장고에 하룻밤 넣어둔다.
2 라우게 외의 재료를 잘 갠다(반죽 온도 약 22℃). 5~10분간 휴지시킨다.
3 반죽을 1개에 80g이 되게 나눈 다음 성형한다. 30~45분간 발효시킨다.
4 표면에 라우게를 바르고, 십자로 칼집을 넣은 다음, 취향에 맞게 소금을 뿌려 200℃ 오븐에서 15분간 굽는다.

Tip
3의 발효시간은 온도에 따라 조절한다. 발효기로 발효시킬 경우에는 발효가 되면 꺼내 밖에서 표면을 말린다(표면이 건조되어 껍질이 생긴 것처럼 되는 것이 좋다).

브뢰첸(Brötchen)이란 소형 빵 중에서도 작게 만든, 슬라이스하지 않고 식탁에 그대로 내놓는 타입의 빵을 가리킨다. 이 라우겐브뢰첸은 독특한 윤기를 내는 라우게(잿물)를 바른 작은 빵이다. 십자로 칼집을 낸 것이 대부분이다. 다 구워지면 표면의 적갈색과 십자로 칼집을 넣은 부분의 흰색이 아름다운 대조를 이룬다. 칼집은 십자 이외에도 다양한 방법이 있다.

이 라우겐브뢰첸이나 라우겐슈탄게(→p.90) 등 라우게를 바른 것은 밀가루나 스펠트 밀가루를 재료로 한다. 라우겐브뢰첸은 크기가 적당한데다 부드러워 먹기 좋은 것이 특징이다. 다만 건조되기 쉬워 빨리 먹는 것이 좋다.

이 타입의 라우겐 소형 빵은 특히 독일 남부에서 많이 먹는다. 이웃나라인 오스트리아, 스위스, 프랑스의 알자스 지방에서도 흔히 볼 수 있다.

칼집을 다르게 넣은 라우겐브뢰첸. 이렇게 고슴도치 같은 모양도 있다.

라우겐슈탄게
Laugenstange

＊지역: 독일 남부
＊주요 곡물: 밀
＊발효 방법: 이스트
＊용도: 식사 빵, 간식, 스낵

재료(10개분)

중종※1	※1 중종
밀가루···400g	밀가루···100g
소금···9g	물···65g
생이스트···15g	생이스트···1g
버터···25g	(드라이의 경우는
물···185g	1/3g)
라우게(잿물)··적당량	

만드는 법

1 중종의 재료를 치댄 다음, 냉장고에 하룻밤 동안 넣어둔다.
2 라우게(잿물) 외의 재료를 잘 갠다(반죽 온도 약 22℃). 5~10분간 휴지시킨다.
3 반죽을 1개에 80g이 되게 나누어 막대 모양으로 성형한다. 30~45분간 발효시킨다.
4 표면에 라우게를 바르고, 4군데에 비스듬히 칼집을 넣는다. 취향에 맞게 소금을 뿌려 200℃ 오븐에서 15분간 굽는다.

Tip

3의 발효시간은 온도에 따라 조절한다. 발효기로 발효시킬 경우에는 발효가 되면 꺼내 밖에서 표면을 말린다(표면이 건조되어 껍질이 생긴 것처럼 되는 것이 좋다).

브레첼 변형

라 우겐브뢰첸(→p.88)과 마찬가지로 라우게(잿물)를 묻혀 굽는 소형 빵의 하나다. 슈탄게는 막대라는 의미. 굵은 소시지 정도의 크기로 비스듬하게 칼집이 들어간 것이 많다.

세로로 잘라 버터를 발라 먹어도 좋고 취향에 맞는 것을 끼워 샌드위치로 해서 먹어도 맛있다.

빵집에서는 세로로 잘라 치즈나 베이컨을 넣고 오븐에 구워 판매한다. 토핑의 종류도 가지가지다. 갓 구워 나온 빵은 더욱 맛있다.

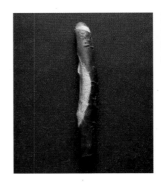

가늘게 만들어 칼집을 넣지 않고 구운 것도 있다. 같은 빵이지만 보기에는 다른 느낌이다.

딩켈라우겐헤르츠

Dinkellaugenherz

* 지역: 독일 남부
* 주요 곡물: 스펠트 밀
* 발효 방법: 이스트
* 용도: 식사 빵, 간식, 스낵

브레첼 변형

재료(6개분)

메르코호슈토크(3~5℃)[※1]	활성 몰트 파우더 …2g
스펠트 밀가루630 …425g	라우게(4%)…적당량
물(3~5℃)…160g	**※1 메르코호슈토크**
생이스트…4.5g	스펠트 밀가루630 …13g
버터…13g	물…65g
라드…9g	소금…9g

만드는 법

1 메르코호슈토크를 만든다. 재료를 불에 올려 걸쭉한 상태가 될 때까지 섞는다. 3~5℃에서 3~4시간 놔둔다.

2 라우게(잿물) 외의 재료를 가장 느린 속도로 8분, 그보다 빠른 속도로 1분간 치대, 탄력이 있는 반죽을 만든다(반죽 온도 약 22~24℃). 커버를 씌워 20℃에서 30분간 휴지시킨다.

3 반죽을 6등분하고(1개 110g), 둥글려 막대 모양으로 늘린다. 커버를 씌워 10분간 휴지시킨다.

4 길이 30cm로 늘려 하트 모양으로 성형한다.

5 면포에 놓고 천을 덮은 다음, 랩을 씌운다. 5~6℃에서 12시간 발효시킨다.

6 라우게(잿물)에 3~4초 담근 다음, 250℃ 오븐에 넣어 230℃로 내리고, 스팀을 주입하지 않고 15분가량 굽는다.

스펠트 밀(딩켈: Dinkel)을 사용한 소형 빵이다. 하트 모양으로 해서 라우게(잿물)를 바르는 것이 특징이다.

라우게를 바른 소형 빵은 밀가루로 만드는 것이 주류지만 유기농 빵을 중심으로 스펠트 밀가루로 만드는 것도 늘고 있다.

맛은 보통의 브레첼과 별반 다르지 않지만, 재미있는 것은 눈길을 끄는 겉모양으로, 리본 등을 매달면 좀 색다른 선물이 될 수 있다.

다양한 브레첼의 세계

**브레첼의 특징은 특이한 모양과 색.
지역에 따른 차이도 있다.**

독일을 대표하는 빵 브리첼. 일본에서도 쉽게 볼 수 있는 빵으로, 독특한 모양과 노릇노릇한 색이 인상적이다. 이런 빵이 어디서 온 걸까? 독일 각지를 여행하다 보면 알게 되겠지만 브레첼은 지역에 따라 차이가 있다. 이런 다양한 브레첼의 세계를 들여다보자.

지역에 따라 다른 브레첼

브레첼은 종류가 다양하다. 이 책에서도 바이에른 풍 브레첼(→p.84)을 비롯해 몇 종류를 소개했지만, 이것이 전부가 아니다. 여기서도 몇 가지 더 소개해 보겠다. 브레첼은 주로 독일 남부 지방에서 많이 먹는 빵이지만, 다른 지방에서도 먹는다.

부르가 브레첼

독일 노르트라인베스트팔렌 주 졸링겐에 있는 부르크성 주변에서 18세기부터 먹기 시작한 전통적인 빵이다. 반죽을 달게 만들고 중앙을 4, 5번 비튼다. 단단하고 바삭바삭한 식감이 있어 커피에 담가 먹기도 한다. 선물로 갖고 갈 때는 끈으로 묶어 목에 매달고 간다.

부르가 브레첼은 이 지방의 전통적인 오후의 경식인 베르기슈 카페타페르(커피 테이블)의 일부이기도 하다.

최근에는 이 브레첼을 만드는 제빵사가 감소해 2010년 5월 독일의 슬로푸드협회가 이 브레첼을 식품 절멸 위기종을 지키는 프로젝트 'Arc of Taste(맛의 방주의 뜻)'에 등록해 지역의 빵집을 지키고 있다.

* 사모바르 주전자와 비슷한 커다란 크라넨칸네(학 모양의 포트)를 놓고, 그 주위에 건포도가 들어간 흰빵과 흑빵, 그리고 펌퍼니켈에 벌꿀이나 첨채당 시럽, 사과나 서양배 잼을 바른 빵을 놓는다. 그 옆에는 밀크 죽과 쿠아르크(플레시 치즈), 프루트와 베리 콤포트를 놓는다. 여기에 와플이나 케이크를 추가하기도 하고 소시지나 달걀요리를 내놓기도 한다.

비어브레첼

독일 남부 슈바벨 지방의 브레첼. 맥주를 넣어 굽는다.

발파르츠브레체

독일 남부의 브레첼. 발파르츠는 순례를 의미한다. 라우게는 사용하지 않고 표면에 밀가루 전분과 소금을 섞어 뿌린다.

팔름브레첼

독일 남부 슈바벨 지방의 브레첼. 부활절 1주일 전의 종려주일인 일요일에 먹는다. 라우게는 사용하지 않는다. 슈베비샤 아르프 지방에서는 달달한 반죽을 만들고 표면에 가시 같은 돌기를 붙인다. 이것은 예수 그리스도의 가시관을 의미한다.

마르틴스브레첼

독일 서부 헤센 주의 브레첼. 11월 11일의 성 마르티누스 날에 먹는다.

누스브레첼

파이반죽으로 만든다. 헤이즐넛 필링 등을 넣어 꼬아 만든 브레첼. 일명 루센브레첼(러시아의 브레첼). 슈투트가르트에서는 러시아에서 시집온 베르덴베르크 여왕의 이름을 따서 올가 브레첼이라고도 한다.

드라이차크벡크

독일 서부 라인란트 팔츠 주 보름스에 있는 호르히하임 브레첼. 부활절 3주 전에 좀머타크스츠크라고 하는 퍼레이드를 한다. 이때 한가운데의 동그란 부분에 삼위일체를 나타내는 3개의 삼각형이 붙은 빵을 아이들에게 던진다. 브레첼과 관련이 있는 이 풍습을 좀머타크스브레첼이라고 한다. 좀머타크스브레첼이란 '여름날의 브레첼'을 의미한다.

모양과 색이 가장 큰 특징

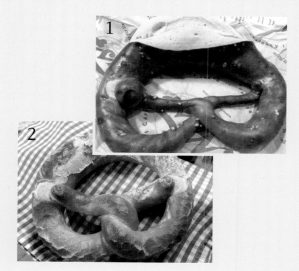

원래 브레첼이라는 이름은 팔을 뜻하는 라틴어 brachium에서 유래되었다. 그러고 보면 브레첼의 교차된 부분이 팔을 교차한 것처럼 보이기는 한다. brachium은 옛 독일어로는 brezitella이다.

브레첼은 독일어권 각지에 따라 부르는 이름이 다르다. 바이에른 지방에서는 브레츤(Brezn, Brez'n)이나 브레체(Breze), 바덴·알레만어로는 브레칠(Bretschl) 등 여러 가지다.

브레첼의 또 하나의 특징은 색이다. 노릇노릇하게 구워진 갈색은 라우게(잿물)라고 하는 알칼리액(가성소다)을 사용하면 생긴다. 가열 등으로 생긴 메일라드 반응에 의해 독특한 갈색이 만들어진다.

라우게(잿물)는 알칼리성이 강하고 아주 자극적이기 때문에 사용에 주의가 필요하다. 일본에서는 식용으로는 인정하지 않고 있으나 독일에서는 브레첼의 오랜 전통으로 인해 브레첼 라우게라는 제품으로 제조 판매되고 있다.

이 사실을 알면 브레첼을 먹는 데 주저할 수도 있다. 하지만 구우면 열에 의해 알칼리 성분이 분해되어 위험성이 없어지므로 걱정할 필요는 없다.

라우게(잿물)를 사용하는 이유

그럼 왜 라우게를 사용하는 것일까? 사실 언제 어떤 이유로 사용하게 되었는지 명확하지 않다. 다만 2가지 설이 남아 있다.

하나는 바이에른 설이다. 19세기 뮌헨의 어용상인 요한 아이레스의 커피숍에서 일하던 제빵사 안톤 네포묵 파넨브레너가 보통 때에는 설탕물을 브레첼의 표면에 발랐는데, 그런데 1839년 2월 11일 실수로 팬세정용 가성소다를 발라 버렸다. 그러나 고용주는 다 구워진 브레첼을 보고 만족해하며 이것을 베르덴베르크 왕실의 공사 빌헬름 오이겐 폰 우르징겐에게 시식을 하게 했다.

또 하나는 슈바벤의 설이다. 1477년 슈바벤에서 제빵사가 브레첼을 만들고 있을 때 고양이가 팬에 달려들었다. 그 바람에 브레첼이 라우게가 들어 있던 양동이에 떨어져 버렸다는 것이다.

1 전형적인 슈바벤 풍 브레첼(→P.86). 팔이 가늘고 배 부분에 칼집이 들어가 있다.
2 바이에른 풍 브레첼(→P.84)은 전체적으로 굵기가 일정하고 자연스런 매듭이 특징이다.
3 브르가 브레첼. 긴 역사를 가진 빵으로 바삭바삭한 식감이 특징이다.
4 브레첼용 라우게. 미리 희석해놓은 액체 타입과 알갱이 타입이 있다.
5 브레첼을 사용한 빵집 간판

브레첼의 모양

브레첼의 독특한 모양에 대해서도 살펴보겠다. 브레첼은 라틴어의 '팔'을 의미하는 말에서 유래되었다고 앞에서 밝혔으나 구체적인 몇 가지 설이 전해진다. 여기서는 대표적인 3가지를 소개한다.

하나는, 브레첼은 원래 수도사들이 단식할 때 먹던 빵이며, 그때 기도하는 모습, 양팔을 교차하고 양손을 어깨에 올려 놓은 모습에서 브레첼이 비롯되었다는 설이다.

또 하나는 고대 로마의 링 모양 빵에서 비롯되었다는 설이다. 이것이 6의 형태가 되었고 그 후 현재와 같은 모양이 되었다는 것이다.

또 다른 하나는 바트우라하의 제빵사가 만들었다고 하는 설이다. 어느 날 이 제빵사는 영주를 모독해 사형에 처해지게 되었다. 그런데 그때까지 열심히 일했기 때문에 용서받을 기회를 얻었다. 그 조건은 '과자를 한 가지 구워 와라. 그 과자를 통해 태양이 세 번 빛나면 자유의 몸이 된다.'는 것이다. 제빵사는 공방에 돌아와 브레첼을 고안했다. 브레첼에는 세 구멍이 있다. 이렇게 해서 태양이 세 번 보이는 빵을 완성했다는 것이다.

심벌, 모티브로서의 브레첼

브레첼은 예로부터 제빵사의 상징으로 사용되었다. 제빵사조합 표시나 빵집의 간판, 빵 메이커의 로고로도 사용되었다. 독일제빵사연맹도 브레첼의 로고를 사용한다.

그 역사는 오래 전으로 거슬러 올라간다. 현재 확인된 브레첼의 문장으로 가장 오래된 것은 1111년에 만들어진 것이라 한다.

브레첼에 얽힌 풍습과 축제

작센의 그로센하이너 플레게에서는 브레첼징겐(징겐은 노래한다는 의미)이라는 풍습이 있다. 부활절 3주일 전의 일요일, 어린이들이 깃발을 직접 만들어 붙인 막대를 들고 농가를 찾아다니며 노래하면 브레첼

5 바이에른 빵 박물관(→P.215)에 있는 브레첼 모양의 변화. 리본 모양에서 현재의 모양으로 발전했다.
6 팬던트나 피어스 등 브레첼을 모티브로 한 액세서리
7 슈페이어의 브레첼 페스티벌 로고. 캐릭터의 이름은 브레첼부(Brezelbu)이다.
8 가로로 절반으로 잘라 버터를 끼운 타입. 이것도 독일 남부에서는 어디서나 팔고 있다.

을 막대 밑에 꽂아 주었다.

이것은 그리스도교가 보급되기 전부터 있었고 추운 겨울을 쫓아내고 봄을 맞이하기 위한 습관이기도 했다. 아쉽게도 오늘날에는 그런 모습을 볼 수 없게 되었다.

라인란트 주 마인츠에는 프레첸하임(Bretzenheim)이라는 마을이 있는데, 마을 문장으로 브레첼을 사용한다. 매년 브레첼 축제가 열리는데, 여기서 브레첼 여왕이 선발된다. 브레첼 여왕은 슈바벤 등 다른 지역과 각 지방의 제빵사 조합에서도 뽑는다.

라인란트 주의 슈페이어라는 마을에서도 1910년부터 매년 브레첼 축제가 열린다. 100곳 이상의 가게가 참가하며 오버라인 지방 최대의 축제이다.

브레첼 기사란?

브레첼 기사가 있다는 사실을 알고 있는가? 1318년 뮌헨의 상인 바토라 부부가 소금 무역으로 얻은 수익을 뮌헨 시내의 성구빈원에 기부했고 그 덕에 시내의 빈곤층에게 나누어줄 식량이 늘었다. 그 후 매년 한 번은 다른 빈곤층에도 식량을 주려는 의도에서 브레첼을 기부하게 되었다. 브레첼을 담은 바구니를 실고 말에 올라탄 기사는 브레첼을 나눠주며 구빈원에 가도록 알려주며 다녔다. 말이 왔다는 것을 알리기 위해 말굽을 3개 느슨하게 해서 소리가 잘 나게 했다고 한다.

이 풍습은 1801년에 일단 폐지되었다. 그러나 2004년에 아일랜드인인 멀라니(John Eoin Mullarney)가 다시 발견해 부활되었다. 브레첼 기사는 매년 뮌헨시 창립기념제 등에 등장한다.

9 백마를 탄 브레첼 기사. 당시의 복장도 특징적이다.
10 모인 사람들에게 브레첼을 나눠주는 브레첼 기사. 옛날 가난한 사람들에게는 브레첼 기사가 구세주처럼 보였는지도 모른다.

브레첼 기사가 나누어 주는 브레첼. 소금과 허브가 뿌려져 있다.

라우겐크루아상
Laugencroissant

* 지역: 독일 남부   * 주요 곡물: 밀
* 발효 방법: 이스트   * 용도: 식사 빵, 간식

재료(8개분)

중종[*1]···166g
밀가루550···480g
우유···162g
설탕···90g
소금···15g
생이스트···7g
몰트···3g

버터···27g+300g
라우게···적당량

※1 중종
밀가루550···210g
물···210g
생이스트···0.3g

Tip

라우게를 바를 때, 구멍이 있는 국자에 담아 용액을 흘리면 편하게 할 수 있다. 또는 냉동해 모양이 일그러지지 않게 해서 발라도 좋다.

만드는 법

1 중종의 재료를 섞은 다음, 실온에서 16~18시간 발효시킨다.
2 버터 300g과 라우게 이외의 재료를 섞은 다음, 천천히 5분, 그보다 빠른 속도로 8분 치대, 매끄러운 반죽을 만든다. 실온에서 60분 정도, 다시 4~6℃에서 60분간 발효시킨다.
3 버터 300g을 랩에 끼워, 25×25cm 정도 크기로 늘린 다음, 냉장고에서 굳힌다.
4 2의 반죽을 25×50cm, 두께 1cm로 늘리고, 3의 버터를 한 가운데에 놓는다. 반죽을 한가운데로 접는다.
5 20×60cm로 늘리고 왼쪽 1/3을 접어 겹치고, 다음에 오른쪽 1/3을 접어 겹쳐놓는다. 커버를 씌워 4~6℃의 냉장고에서 45분 정도 휴지시킨다.
6 5를 20×80cm로 늘린다. 왼쪽 1/4을 오른쪽으로 접고, 오른쪽의 1/4을 한가운데로 접는다. 한가운데를 경계로 해서 왼쪽 반죽을 오른쪽에 겹쳐놓듯이 접는다. 커버를 씌워 4~6℃의 냉장고에서 45분 정도 휴지시킨다.
7 5와 6을 반복한다.
8 한 변 약 50cm, 두께 3~4mm로 늘린다. 25cm 폭으로 자른 다음, 예각삼각형으로 잘라 나눈다. 밑변이 되는 곳의 중앙을 1cm 정도 잘라 거기부터 말아준다. 실온에서 1.5~2시간 발효시킨다. 표면을 조금 건조시킨다.
9 라우게를 바른다. 230℃ 오븐에 넣은 다음 180℃로 내려 20분가량 굽는다.

브 레첼용 라우게를 발라 구운 크루아상이다. 크루아상은 원래 프랑스의 빵이지만 독일에서는 라우게를 바른 크루아상이 최근 늘었다. 다른 베이글에서도 이런 경향이 보이지만 라우게를 바르고 나서 씨앗 등을 뿌린 것도 있다.

독일의 크루아상 반죽은 일반적인 이미지와는 다르다. 공기가 많이 들어가 바삭바삭한 얇은 반죽 층으로 되어 있는 일반 타입과는 달리 좀 더 조밀하고 묵직한 데니시 페이스트리 반죽인 경우가 많다. 이 때문에 크기에 비해 쉽게 포만감을 느낄 수 있다.

로겐브뢰첸
Roggenbrötchen

* 지역: 독일 전역
* 주요 곡물: 호밀
* 발효 방법: 사워도, 이스트
* 용도: 식사 빵, 샌드위치, 스낵

재료(9~10개분)

호밀 사워도 I [*1]
호밀 사워도 II [*2]
브류슈토크 [*3]
호밀가루1150
　…285g
물(약 60℃)…80g
몰트(액체, 불활성)
　…30g
버터…17g

※1 호밀 사워도 I
호밀가루…55g

물(약 35℃)…55g
스타터…11g

※2 호밀 사워도 II
호밀 사워도 I [*1]
호밀가루1150
　…170g
물(약 30℃)…110g

※3 브류슈토크
거칠게 빻은 호밀가
　루(중간)…55g
뜨거운 물…110g
소금…11g

만드는 법

1 호밀 사워도의 재료를 섞은 다음, 약 26℃
　에서 8시간 발효시킨다.

2 호밀 사워도 II를 만든다. 1의 호밀 사워도
　I에 호밀가루와 물을 넣어 섞은 다음, 5시
　간 발효시킨다.

3 브류슈토크를 만든다. 거칠게 빻은 가루와
　소금에 끓는 물을 부어 섞는다. 식으면
　1~2시간 이상 냉장고에 넣어둔다.

4 모든 재료를 가장 느린 속도로 5분간 섞는
　다(반죽 온도 약 27℃). 24℃에서 60분간
　발효시킨다.

5 느린 속도로 3분간 반죽한다. 24℃에서 30
　분간 발효시킨다.

6 반죽을 막대 모양으로 늘린다. 9~10개로
　나눈 다음, 둥글린다.

7 가루(분량 외)를 뿌려 24℃에서 70분간 발
　효시킨다.

8 스팀을 주입한 250℃ 오븐에 넣고 220℃
　로 내려 20분간 굽는다.

호 밀가루로 만든 소형 빵. 작아도 묵직하다. 모양이나 재료에 변형이 많으며 라인란트 지방의 레겔헨(Räggelchen)도 유명하다. 여기서는 이 빵에 얽힌 재미있는 에피소드를 소개한다.

서부 독일 쾰른이나 뒤셀도르프에는 할베 한(Halve Hahn: 닭 반 마리의 뜻. 표준 독일어로는 Halber Hahn이라 쓴다)이라는 유명한 빵이 있다. 유래에 대해서는 여러 설이 있으나 그 중 유명한 설이

있다.

어느 젊은 사람이 자신의 생일에 사람을 초청해 식사하기로 계획을 세웠다. 초대받은 사람을 놀라게 하기 위해 미리 웨이터와 짜고 반 마리의 치킨을 주문했다. 그런데 나온 것은 로겐브뢰첸에 고다치즈를 올린 것이었다. 이 같은 장난에 초대를 받은 사람들은 즐거워했고 이후 이것을 할베 한이라 부르게 되었다고 한다.

카이저젬멜
Kaisersemmel

* 지역: 오스트리아, 독일 남부
* 주요 곡물: 밀, 호밀
* 발효 방법: 이스트
* 용도: 식사 빵

재료(9개분)

중종[*1]
밀가루550···390g
호밀가루1150···35g
물(약 20℃)···240g
생이스트···4g
소금···7g
버터···7g

※1 중종

밀가루550···130g
물···85g
생이스트···4g
소금···3g

만드는 법

1 중종의 재료를 섞은 다음, 3~4℃에서 3일간 발효시킨다.
2 모든 재료를 섞은 다음, 가장 느린 속도로 5분, 그보다 한 단계 빠른 속도로 1분 이겨, 탄력이 있고 좀 달라붙는 정도의 반죽을 만든다(반죽 온도 약 26℃).
3 24℃에서 90분 정도 발효시켜 30분 후, 60분 후에 접는다.
4 반죽을 9개로 나눈 다음, 둥글려서 10분간 휴지시킨다.
5 가루(분량 외)를 뿌린 작업대에서 직경 10㎝ 정도의 원반 모양을 만든다. 손으로 접어 성형한 다음, 접은 끝부분을 밑으로 해서 천 위에 놓고 24℃에서 45분 정도 발효시킨다.
6 팬에 위아래를 뒤집어놓고 물(분량 외)을 바르든가 분사한다.
7 스팀을 주입한 230℃ 오븐에 넣고 20분가량 굽는다. 마지막에 다시 물(분량 외)을 분사한다.

Tip

참깨나 포피 시드를 뿌려 굽기도 한다.

독 일 빵을 잘 모르는 사람도 빵을 보고는 아~ 하고 반가워 할 만큼 널리 알려진 소형 빵. 이름의 카이저(Kaiser)는 황제를, 젬멜(Semmel)은 독일 남부, 오스트리아 방언으로 소형 빵을 뜻한다. '황제의 소형 빵'이란 이름의 유래에는 여러 설이 있다.

합스부르크가의 황제 프리드리히 3세가 붙였다는 설(1487년 자신의 초상화를 젬멜로 굽게 했다고 한다.)이 있는가 하면, 18세기에 밀가루의 가격이 올라 난처해진 제빵조합이 1789년에 당시의 황제인 요제프 2세에게 자유롭게 가격을 매길 수 있게 해달라고 요청하자 제빵사들의 빵 만드는 기술에 감탄한 황제는 이를 허용했고, 이를 기념해서 제빵사조합이 만든 것이 카이저젬멜이라는 설이 있다.

이 외에도 황제 프란츠 요제프 2세 시대에 요리나 음식에 '카이저'를 붙인 이름이 고안되었고 카이저젬멜도 그 하나였다는 설과 이탈리아어 a la casa(가풍)가 변해 카이저젬멜이라는 이름이 생겼다는 설도 있다.

이름이야 어떻든 역사가 오래된 빵임에는 의심할 여지가 없다. 18세기 합스부르크가의 여제 마리아 테레지아 시대에 이 빵이 이미 있었다는 것이 확인되었다.

카이저젬멜을 카이저젬멜답게 만드는 것은 표면의 방사선무늬에 있다. 원래는 손으로 만들었지만 오늘날에는 전용틀(→p.193)을 반죽에 눌러 만드는 일이 많다.

카이저젬멜과 같은 종류 빵인 로젠젬멜. 로젠이란 장미꽃을 말하는 것으로 복잡하고 아름답게 갈라진 무늬가 장미 비슷하다고 해서 붙여진 이름이다. 둥글게 만든 후, 이음새 부분을 밑으로 해서 발효시킨 다음 도중에 뒤집어 굽는다.

도펠젬멜
Doppelsemmel

* 지역: 독일 남부 프랑켄 지방, 독일 동부
  작센, 브란덴부르크
* 주요 곡물: 스펠트 밀
* 발효 방법: 이스트
* 용도: 식사 빵, 간식, 스낵

재료(4개분)

밀가루550···500g	소금···10g
물···200g	생이스트···4g
우유(지방분 3.5%)	버터···4g
···100g	설탕···2g

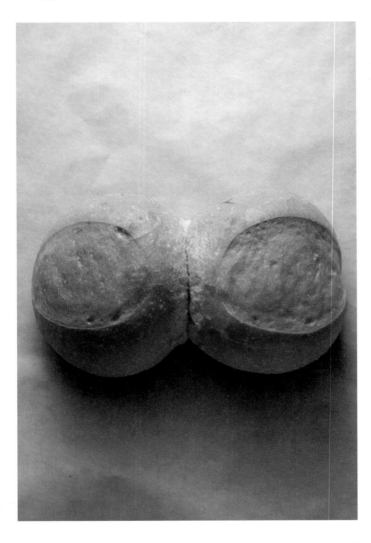

만드는 법

1 모든 재료를 가장 느린 속도로 5분, 그보다
  빠른 속도로 8~10분, 좀 단단하고 탄력이
  있는 반죽이 될 때까지 이긴다.
2 커버를 씌워 실온에서 90분간 발효시킨다.
  45분 후에 꾹 눌러 가스를 빼준다.
3 반죽을 8개로 나눈다. 모양을 잡은 다음,
  이음새 부분을 위로 해서 2개씩 붙여 늘어
  놓는다. 커버를 씌워 8~10℃에서 10~12시
  간 발효시킨다.
4 실온에 1시간 정도 두었다가 이음새 부분을
  밑으로 해서 칼집을 넣는다.
5 다 구워진 후에는 즉시 표면에 물(분량 외)
  을 뿌린다.

펠은 영어의 더블(double). 도펠젬멜은 젬멜
이 쌍둥이처럼 2개가 붙은 빵을 말한다. 그냥
젬멜이라고도 하는데, 이와 비슷한 빵으로 봐서베크
(Wasserweck)가 있다. 봐서베크는 도펠젬멜처럼 빵
이 2개 붙어 있어 도펠베크 또는 파르베크(Paar-
weck. 영어의 pair)라 불리며, 작센에서는 도펠테스
라고 한다.

일본인이라면 어쩌다 볼 수 있는 2개가 붙은 달걀
을 연상할지도 모른다. 아니면 눈사람을 떠올리는 사
람도 있을 것이다. 아무튼 재미있게 생긴 빵이다.
가운데를 쪼개 2개로 나눠 먹기에 좋은 빵이다.

슈리페
Schrippe

* 지역: 독일 북부, 동부
* 주요 곡물: 스펠트 밀
* 발효 방법: 이스트
* 용도: 식사 빵, 스낵

재료(8개분)

밀가루550···495g	소금···8g
물···305g	설탕···8g
생이스트···15g	

만드는 법

1 모든 재료를 천천히 5분 정도, 속도를 올려 10분 정도 반죽한다.

2 24℃에서 45분간 발효시킨다. 15분 후, 30분 후에 꾹 눌러 가스를 빼준다.

3 반죽을 8개로 나눠 둥글려서 길이 8cm 정도 양끝이 좀 뾰족한 막대 모양을 만든다.

4 성형 방법에는 누르는 방법과 칼집을 넣는 방법, 두 가지가 있다. 누르는 방법은 반죽의 끝부분을 밑으로 하고, 칼집을 넣는 방법은 위로 해서, 24℃에서 30분 정도 발효시킨다.

5 15분 정도 지나면 누르는 방법은 손끝이나 가는 막대로 반죽을 눌러 세로로 길게 선을 넣는다. 그 후의 발효할 때는 말아서 넣은 부분을 위로 가게 한다. 칼집을 넣는 방법은 발효 후 22분 정도에서 칼집을 1군데 넣는다.

6 스팀을 주입한 230℃ 오븐에 넣고 20분가량 굽는다.

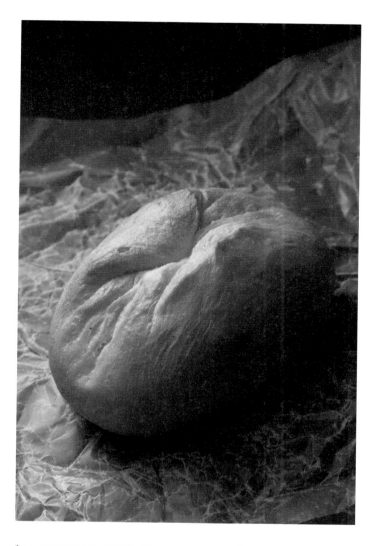

세로로 칼집이 한 개 들어가 있는 타원형의 아침 식사용 빵이다. 슈리페라는 이름은 이 빵의 모양에서 유래되었다. 중기 독일어(현대 독일어가 발달하기 전 1350~1650년까지의 독일어)에 '긁는다', '상처를 입힌다'는 의미의 동사에 슈리펜(schripfen)이라는 말이 있었는데, 이것이 슈리페가 되었다고 한다.

슈리페는 독일 북부와 동부의 빵이지만 현재는 다른 지역에서도 먹고 있으며, 소형 빵의 일반적인 명칭인 브뢰첸으로도 불린다.

크러스트가 파삭하고 안은 묵직한 감이 있는 것이 슈리페의 매력. 아침 테이블에서 갓 구운 슈리페에 나이프를 넣은 순간이 행복하다.

슈리페에 함부르크 명물인 롤모프스(식초와 소금에 절인 청어 필레 훈제에 피클을 감은 것)을 끼운 호쾌한 샌드위치

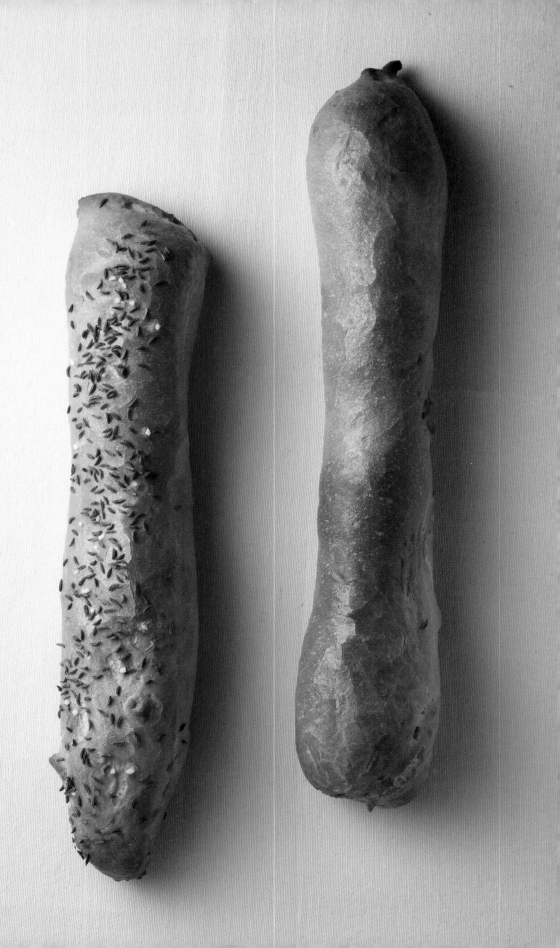

젤레

Seele

＊지역: 독일 남부 슈바벨 지방
＊주요 곡물: 스펠트 밀
＊발효 방법: 이스트
＊용도: 식사 빵, 스낵

재료(8개분)

중종[*1]
코호슈토크[*2]
스펠트 밀가루630…250g
물A(25℃)…120g
물B(25℃)…40g
생이스트…4g
라드…8g
캐러웨이 씨…적당량
굵은 소금…적당량

※1 중종

스펠트 밀가루…120g
물(20℃)…60g
생이스트…1g

※2 코호슈토크

스펠트 밀가루630…28g
물(100℃)…140g
소금…9g

만드는 법

1 중종의 재료를 섞어 갠 다음, 약 16℃에서 12~14시간 발효시킨다.
2 코호슈토크를 만든다. 가루와 소금을 물에 넣고 섞으면서 끓여 걸쭉한 상태로 만든다. 랩으로 씌워 실온에 4~12시간 둔다.
3 물B, 캐러웨이 씨, 굵은 소금 이외의 재료를 가장 느린 속도로 5분, 그보다 빠른 속도로 2분 반죽한다(반죽 온도 약 24℃). 물B를 넣고 이겨 매끈하고 부드러운 반죽을 만든다.
4 20~22℃의 실온에서 3시간 정도 발효시킨다. 처음 2시간은 30분마다 볼 속에서 반죽을 늘렸다가 접는다.
5 반죽을 물(분량 외)에 적신 작업대에 옮겨놓고 캐러웨이 씨와 굵은 소금을 뿌린다.
6 젖은 손으로 반죽을 떼서 그대로 270℃ 오븐에 넣고 12~15분가량 굽는다.

Tip

반죽을 뗄 때는 들어올리지 않고 양손으로 작업대 위를 잡아당기듯이 하는 것이 좋다.

슈 바벤에서는 그냥 젤레라고 부르지만 그 외의 지방에서는 슈바벤 풍 젤레라고 부르는 일이 많다. 슈바벤 지방은 스펠트 밀 재배를 많이 하기 때문에 이 젤레도 스펠트 밀가루로 만든다.

젤레라는 말은 독일어로 '혼, 정신'을 의미한다. 알러젤렌(Allerseelen)이라는 죽은 자의 날 또는 만령절에 구워 먹던 빵이다. 기독교가 보급되기 이전에는 민간신앙에서 죽은 사람에게 음식을 차리는 습관이 있었는데 이때 사용하던 빵이 젤레다. 이것이 어린이나 가난한 사람에게 빵을 기부하는 스타일로 변해갔다. 19세기 말까지는 젤게어라 불리는 사람들이 농가를 돌며 구걸을 했다고 한다. 젤게어가 많을수록 그 농가에는 행운이 찾아온다고 믿었다. 이 알러젤레의 날에 구운 빵에는 힘멜스라이터(→p.128) 등이 있다.

젤레는 연인들 사이에서도 사용되었다. 좋아하는 여성에게 커다란 젤레를 주는 것은 프러포즈를 의미했다. 이런 로맨틱한 에피소드도 있어 흥미 있는 스토리가 있는 이 빵은 젖은 손으로 반죽을 성형한다는 점이 특징적이다. 표면에 캐러웨이 씨와 굵은 소금을 뿌리는 점도 다른 빵과 다른 점이다. 기포는 큼지막하고 파삭한 식감의 빵이다. 세로로 절반을 잘라 버터를 발라 먹어도 좋고 치즈를 끼워 샌드위치를 만들어도 맛있다.

슈베비슈 그뮌트라는 마을에는 젤레 비슷한 빵이 있다. 브리겐이라는 빵인데 이 지방의 명물이다.

뷰얼리
Bürli

* 지역: 독일 남부, 스위스
* 발효 방법: 이스트
* 주요 곡물: 밀
* 용도: 식사 빵, 스낵

재료(8개분)
중종[*1]
호밀가루997/1150···25g
밀가루550···200g
밀가루1050···200g
물(약 35℃)
  ···200g+100g
생이스트···5g

밀 사워도···25g
  물(TA150, 냉장 보관해
  둔 것)
올리브유···5g
소금···11g
※1 중종
스펠트 밀 전립분···75g
물···75g
생이스트···0.75g

만드는 법
1 중종의 재료를 섞어 20~22℃에서 2시간 부풀린 후, 5℃에서 12시간 놔둔다.
2 올리브유와 물 100g 이외의 재료를 가장 느린 속도로 5분, 그보다 빠른 속도로 5분 반죽한다. 물 100g을 조금씩 넣으면서 다시 5분을 반죽한 다음, 올리브유를 조금씩 넣는다(반죽 온도 약 28℃).
3 약 22~24℃에서 2.5시간 발효시킨다. 처음 90분간은 20분마다 반죽을 접는다. 반죽이 2배 정도로 부풀면 꾹 눌러 가스를 빼준다.
4 반죽을 약 150g씩 잘 떼서 바깥에서 안쪽으로 늘리듯이 둥글린다.
5 둥글린 끝부분을 밑으로 해서 22~24℃에서 30분 정도 발효시킨다.
6 충분히 스팀을 주입한 270℃ 오븐에 넣고 230℃로 내려 20분가량 굽는다. 약 5분 후에 스팀을 멈추고 오븐을 조금 연 상태로 굽는다(혹은 스팀을 몇 번 빼준다).

원래는 스위스 동부에서 먹던 빵이다. 독일에서는 특히 남부에 있는 빵이어서 독일 빵으로 소개하지만 끝에 '-li'가 붙은 것은 스위스 독일어의 특징이므로 스위스 빵이라는 것을 알 수 있다. 모양은 작은 것부터 좀 큼지막한 것까지 폭넓다. 2개가 붙은 모양도 있어 도펠뷰얼리라고 부른다. 그리고 4개가 붙은 것도 있고 칼집이 들어간 것도 있다. 모양도 소박하고 귀여운 느낌이 드는 것이 많다.

지방에 따라 부르는 이름은 다양하다. 독일에서는 이 빵을 스위스 뷰얼리라고 부르기도 한다. 본국인 스위스에서도 바젤 풍, 장크트갈렌 풍 등 지역성을 볼 수 있다.

옛날 스위스에서는 뷰얼리를 레스토랑이 딸린 여관 등에서 제공했다. 그러니까 일반시민이 일상적으로 먹을 수 있는 빵은 아니었다. 그 때문에 뷰얼리는 주요 가도를 따라 많이 분포되었다고 한다.

딩켈뷔켄
Dinkelweeken

*지역: 독일 남부
*주요 곡물: 스펠트 밀
*발효 방법: 이스트
*용도: 식사 빵, 간식, 스낵

재료(2개/8개분)

중종[*1]	※1 중종
쿠베르슈토크[*2]	스펠트 밀 전립분
스펠트 밀가루1050	…200g
…200g	물…160g
미온수…25g	생이스트…0.5g
생이스트…2g	※2 쿠베르슈토크
소금…9g	거칠게 빻은 스펠트
설탕…5g	밀…100g
버터…5g	물…125g

만드는 법

1 중종의 재료를 섞은 다음, 실온에서 16시간 정도 발효시킨다.
2 쿠베르슈토크를 만든다. 재료를 합쳐 8~10 시간 냉장고에서 불려둔다.
3 모든 재료를 천천히 8분, 좀 빠른 속도로 2분 반죽한다.
4 2시간 발효시킨 다음, 45분 후, 90분 후에 반죽을 접는다.
5 반죽을 8등분해서 둥글린 다음, 휴지시킨다. 성형은, 사진과 같은 경우, 타원형으로 만든 것을 4개 틀에 넣는다. 둥글게 성형할 경우에는 둥글려서 십자로 칼집을 넣는다.
6 둥글게 성형한 경우에는 바깥쪽을 밑으로 해서 가루(분량 외)를 뿌린 천 위에 놓고, 틀에 넣을 경우에는 틀에 넣어 45분간 발효시킨다.
7 둥근 모양의 경우에는 바깥쪽을 위로 가게 해서 230℃ 오븐에 넣고 200℃로 내려 15~20분 이상 굽는다(크기에 따라 달라질 수 있다).

Tip
성형은 평평하게 눌러 칼집을 넣고 접는 등 취향에 따라 하면 된다.

딩켈뷔켄, 즉 스펠트 밀가루로 만든 소형 빵이다. 뷔켄이란 말은 독일 남부 방언으로 표준 독일어로는 '소형 빵'을 의미하는 브뢰첸에 해당한다.

재료는 스펠트 밀가루 혹은 스펠트 밀 전립분. 모양은 사진처럼 덩어리형도 있지만 둥근형이 많다.

사진 같은 작은 덩어리형이라면 두껍게 잘라 먹으면 좋다. 보통 둥근 것이 부드러운 것이라면 출출할 때 통째로 먹어도 좋고 아니면 옆으로 잘라 취향에 맞는 것을 곁들여 먹어도 좋다.

페니히무컬
Pfennigmuckerl

＊지역: 독일 남부 뮌헨
＊주요 곡물: 밀, 호밀
＊발효 방법: 사워도
＊용도: 식사 빵, 간식, 스낵

재료(4개분)

중종※1	※1 중종
밀가루550···70g	밀가루550···70g
호밀가루1150···35g	물···50g
스타터(밀 사워도 유	생이스트···2g
래)···20g	소금···1.5g
물···55g	
생이스트···3g	
소금···3g	
보리 몰트···10g	
호밀 몰트···2g	

만드는 법

1 중종의 재료를 섞어 실온에서 60분 정도 발효시킨 다음, 냉장고에 48시간 넣어둔다.
2 모든 재료를 합쳐, 천천히 8분, 좀 빠른 속도로 5~8분 치댄다. 30분간 휴지시킨다.
3 1개에 20g으로 나눠 둥글린 다음, 이음새 부분을 밑으로 해서 팬에 4~5개를 붙여 나란히 놓는다. 커버를 씌워 실온(24~26℃)에서 60분 정도 발효시킨다.
4 스팀을 주입한 250℃ 오븐에 넣고 230℃로 내려 15~18분간 굽는다.

뮌헨에서 탄생한 빵으로 페니히무걸(Pfennigmuggerl)이라고도 한다. 옛 뮌헨풍의 오후 간식 또는 콜드 밀로 때우는 식사를 뮌헨 브로트차이트(빵의 시간)라고 했는데, 페니히무컬은 이때 먹는 전통적인 소형 빵이다. 이들 소형 빵을 통틀어 뮌헨 브로트차이트젬멜른(Munchener Brotzeitsemmeln)이라고 한다.

현재 이 빵을 만드는 빵집이 줄고 있어, 독일 슬로푸드협회가 인정하는 감소 경향이 있는 식재료와 식품을 등록해 지키는 운동인 '맛의 방주' 에 이 뮌헨 브로트차이트젬멜른도 등록되었다. 페니히무컬이라는 이름의 유래는 크게 두 가지가 있다. 이 빵의 모양이 동전(페니히는 동전의 하나)을 꿰어 놓은 것과 같다고 해서 이 이름을 붙였다는 설과 이 빵의 가격에서 이 이름을 붙였다는 설이 있다.

호밀가루가 들어간 빵이라서 밀가루를 사용한 소형 빵에 비하면 오래간다. 재미있게 생긴 모양도 그렇지만 동전을 의미하는 페니히라는 이름은 어린이들에게는 용돈을 받은 듯한 기분을 느낄 수 있는 재미있는 빵이다.

잘츠슈탄게
Salzstange

* 지역: 독일 남부
* 발효 방법: 이스트
* 주요 곡물: 밀
* 용도: 식사 빵, 간식, 스낵

재료(8개분)

중종※1
메르코호슈토크※2
밀가루550…315g
호밀가루1150…30g
냉수…10g
생이스트…5g
버터…7g
캐러웨이 씨…적당량
굵은 소금…적당량

※1 중종
밀가루550…95g
물…95g
생이스트…0.1g

※2 메르코호슈토크
물…150g
밀가루550…30g
소금…9g

만드는 법

1 중종의 재료를 섞은 다음, 20℃에서 20시간 발효시킨다.
2 메르코호슈토크를 만든다. 재료를 섞으면서 끓인다. 1~2분 지나면 불을 끄고 걸쭉한 상태가 될 때까지 젓는다. 커버를 씌워 냉장고에 4~12시간 넣어둔다.
3 모든 재료를 가장 느린 속도로 5분, 그보다 한 단계 빠른 속도로 10분 이겨, 탄력이 있고 달라붙지 않을 정도의 단단한 반죽을 만든다.(반죽 온도 약 28℃).
4 24℃에서 90분 정도 발효시킨다. 30분 후, 60분 후에 반죽을 뒤집는다.
5 반죽을 8등분(1개에 90g)한다. 둥글려 5분 정도 놔뒀다가 두께 2~3cm 되는 타원형으로 늘린다.
6 반죽을 세로로 길게 두고, 맞은편 쪽에서 앞쪽을 향해 둥글린다. 다 됐으면 다듬어 조금 가늘고 길게 만든다.
7 24℃에서 30분 정도 발효시킨다.
8 물(분량 외)을 바르고 굵은 소금과 캐러웨이 씨를 뿌린다. 스팀을 주입한 230℃ 오븐에 넣고 15분가량 굽는다.

잘 츠슈탕게는 소금(잘츠) 스틱(슈탕게)이라는 의미다. 길다란 반죽에 소금, 또는 소금과 함께 참깨와 캐러웨이 씨를 뿌려 구운 빵이다.

잘츠슈탕게라고 하면 가늘고 딱딱한 프레첼 스틱을 떠올리는 사람이 있을 지도 모른다. 이 잘츠슈탕게는 사실 미국의 빵이다. 독일 남부 지방에서 미국으로 이주한 사람들이 미국에 브레첼을 퍼뜨렸고 그것이 스낵 타입으로 발전해갔다.

독일의 잘츠슈탕게는 둥글게 늘린 반죽을 둥글려서 구운 것이 많다. 보기에는 크루아상 비슷한 모양이다. 잘츠슈탕게는 짭짤하기 때문에 맥주와 함께 먹기도 하지만 식사로도 적합한 빵이다.

기타 잡곡 소형 빵
diverse Brötchen

＊지역: 독일 각지
＊주요 곡물: 밀, 호밀 등
＊발효 방법: 이스트
＊용도: 식사 빵, 스낵

둥근 빵(사진 위)

재료(9개분)
쿠베르슈토크*¹
밀가루550···134g
밀 전립분···107g
호밀 전립분···27g
물···107g
아마인유···14g
달걀···1개
생이스트···7g

※1 쿠베르슈토크
귀리···32g
아마인···32g
밀기울···21g
세몰리나···21g
물···134g
소금···8g

만드는 법
1 쿠베르슈토크의 재료를 섞은 다음, 2시간 이상 불린다.
2 모든 재료를 섞은 다음, 천천히 3분, 빠르게 3분, 글루텐이 약한 상태에서 보통 정도로 나올 때까지 치댄다. 10~12시간 냉장고에 넣어두었다가 두 세 번 가스를 빼준다.
3 반죽을 9개로 나눠 둥글린다. 이음새 부분을 위로 가게 해서 커버를 씌우고 20분 정도 휴지시킨다.
4 성형해, 실온에서 1~1.5시간 발효시킨다.
5 스팀을 주입한 250℃ 오븐에 넣고 20분가량 굽는다.

네모난 빵(사진 아래)

재료(10~12개분)
중종*¹
호밀가루1150···100g
밀가루550···150g
해바라기 씨···50g+적당량
생이스트···7.5g
소금···7.5g
물···160g

※1 중종
호밀가루1150···250g
물···250g
스타터···50g

만드는 법
1 중종의 재료를 섞은 다음, 20시간 정도 휴지시킨다.
2 해바라기 씨 이외의 재료를 합쳐, 천천히 3~4분, 좀 빠른 속도로 8분간 반죽한다. 해바라기 씨 50g을 넣고 다시 3분 정도 반죽한다. 커버를 씌워 30분 정도 발효시킨다.
3 반죽을 80~100g으로 나누고 둥근 모양과 사각 모양으로 성형한다. 이음새 부분을 밑으로 해서 표면에 물(분량 외)을 바르고 해바라기 씨 적당량을 뿌린다. 28~30℃에서 40~45분 발효시킨다.
4 스팀을 주입한 250℃ 오븐에 넣고 210℃로 내려 15분가량 굽는다.

＊────＊────＊────＊────＊────＊

독일에는 1200종류나 되는 소형 빵이 있다. 모든 소형 빵을 망라하는 것은 어렵지만 이 책에서는 대표적인 소형 빵을 소개한다. 독일 빵의 종류에 의하면(→p.184) 대형 빵과 소형 빵의 차이는 크기다. 같은 이름이 붙었다는 것은 곡물을 같은 비율로 사용했다는 의미다.

대형 빵과 같은 재료나 만드는 법을 소형 빵에 응용시킨 것도 많다. 소형 빵은 조금만 먹고 싶을 때나 밖에서 가볍게 먹고 싶을 때, 한 번에 몇 가지 다른 종류를 사는 것도 소형 빵을 즐기는 한 방법이다.

또한 소형 빵은 샌드위치를 만들어 먹기 쉬워 독일에서 빵집에 가면 소형 빵으로 만든 여러 종류의 샌드위치가 진열되어 있다. 밀가루를 비롯해 전립분이나 호밀가루를 사용해 만든 것 등 빵의 종류가 풍부하다. 샌드위치에 끼우는 재료도 치즈, 햄, 살라미, 소시지, 야채 등 다양하다. 쇼케이스를 보면서 이것저것을 생각하며 주문을 하는 것도 즐거움 중 하나다.

부터브로트

버터와 빵, 기본적인 식재료를
독일에서는 이렇게 먹는다.

빵에 버터를 바르고 가볍게 소금을 뿌리기만 해서 먹는다. 빵
도 버터도 소금도 모두 기본적인 식재료로 그것만으로도 질
리지 않는 맛이 있다.

부터브로트의 부터는 버터, 브로트는 빵을 의미한
다. 그러니까 부터부로트란 버터를 바른 빵을 말한
다. 예로부터 기본적인 식재료인 버터와 빵. 이 두 가
지를 독일에서는 어떻게 먹었던 것일까?

버터는 듬뿍, 이것이 독일식

독일에서는 빵을 먹을 때 버터를 빼놓을 수 없다.
게다가 듬뿍 발라 먹는다. 빵의 기포가 보이지 않을
정도로 두껍게 바른다. 바른다기보다는 올린다고 표
현해야 할 정도다.

처음에는 그 양에 놀라지만 실제로 먹어보면 역시
얇게 펴 바를 때보다 듬뿍 발라야 맛있다는 것을 알게
된다. 밀키한 버터를 바른 빵은 그 자체만으로도 음식
으로서 충분히 만족할 수 있을 정도다.

버터는 지방이라기보다 식재료로 받아들이는 것이
적절하다. 독일에서 판매하는 버터는 무소금 버터가
많다. 버터 만드는 법이 세 종류나 있다. 발효 버터,
비발효 버터, 마일드 버터로 나누어진다. 각 버터의
장점이 있긴 하지만 취향이나 목적에 따라 골라 사용
하면 된다.

부터브로트에는 호밀 빵이 어울린다

부터브로트로 해서 먹는 빵은 호밀을 사용한 것이
대부분이다. 버터를 발라 먹는 습관은 밀빵 문화보다
도 호밀 빵 문화에 많다. 호밀 빵의 산미에는 크리미
한 버터가 잘 어울린다.

버터가 맛을 내는 역할만 하는 것은 아니다. 버터를
빵 위에 올리기도 하지만 다른 토핑 재료들의 습기가

독일의 버터. 발효,
비발효, 유염, 무염,
유기농 등의 버터를
먹어보고 비교하는
것도 즐겁다.

빵에 스며들지 않게 막는 역할을 하기도 한다. 또한 빵과 토핑을 밀착시켜 한데 잘 융합하게 하기 위한 접착제로 쓸 때도 있다.

호밀 빵은 식사용으로 먹는 일이 많다. 다른 재료를 곁들이는 데 버터는 없어서는 안 될 존재인 것이다.

중세부터 계속되는 식문화

부터브로트는 독일에 옛날부터 있었던 음식으로 중세 때는 이미 부터브로트라는 말이 있었다는 기록이 남아 있다.

괴테는 그 저서 〈젊은 베르테르의 슬픔〉에 부터브로트를 등장시켰다. 종교개혁가 마르틴 루터도 1525년에 부터브로트가 어린이에게 좋은 음식이라고 기록해놓았다.

다만 현재는 부터브로트라 해도 그 개념이 넓어졌다. 빵에 버터를 발랐다고 해서 부터브로트가 아니라 버터 위에 잼을 바르거나 치즈 또는 햄을 올린 것도 부터브로트의 범주에 넣고 있다.

그렇다고 햄버거 부터브로트가 부터브로트에 속하는 건 아니다. 흰 소형 빵에 흑빵 슬라이스를 올린 것이 햄버거 부터브로트. 소형 빵을 옆으로 절반 잘라 버터를 바르고, 치즈를 넣은 다음 슬라이스한 흑빵을 1장 올린 독창적인 빵이 햄버거 부터브로트다.

버터를 바르기만 하면 부터브로트가 되는 것이 아니다. 소시지 등을 빵 위에 올린 것도 넓은 의미에서는 부터브로트에 해당한다.

독일 버터의 종류

발효 버터	냉각한 크림에 유산균을 넣은 후, 7~10시간 정도 숙성시킨 것
비발효 버터	비발효 버터를 의미하는 쥬스람은 직역하면 '단맛 나는 크림'이다. 발효시키지 않고 만들기 때문에 냉각한 크림에 유산균은 넣지 않고 그대로 10℃ 전후에서 몇 시간에서 길게는 15시간 정도 숙성시킨다.
마일드 발효 버터	독일어 '미르트'란 '마일드'의 의미로, 비발효 버터와 마찬가지로 아무것도 넣지 않고 숙성시킨 다음, 유산균 혹은 유산을 첨가하다. 독일에서 가장 인기가 있는 것이 이 마일드 버터이다.

축하용 빵

Festtagsgebäck

* * *

빵의 나라 독일에서는 이벤트나 축하하는 자리에도 빵이 없어서는 안 된다. 그리스도교 관련 축제를 중심으로, 구체적으로는 신년이나 부활절, 크리스마스 등에 빵이 등장한다. 일본에서도 친숙한 슈톨렌도 독일 크리스마스를 장식하는 음식이다. 이들 축하 빵은 모양이나 사용하는 재료에 제각기 의미가 있어, 이들 빵을 알아가는 것은 독일 식문화의 이해에 많은 도움이 된다.

노이야스브레첼
Neujahrsbrezel

* 지역: 독일 남부
* 주요 곡물: 밀
* 발효 방법: 이스트
* 용도: 신년

재료(1개분)
중종[1]
메르코호슈토크[2]
밀가루550···280g
우유(지방분 3.5%)···65g
생이스트···10g
달걀···50g(=약 1개)
소금···5g
설탕···25g
버터···70g
달걀물···1개분

※1 중종
밀가루550···100g
우유(지방분 3.5%)···100g
생이스트···0.1g

※2 메르코호슈토크
우유(지방분 3.5%)···75g
밀가루550···15g

만드는 법

1 중종의 재료를 섞은 다음, 실온에서 20시간 발효시킨다.

2 메르코호슈토크를 만든다. 밀가루를 우유에 풀어 고루 섞으면서 약 65℃가 될 때까지 끓인다. 걸쭉한 느낌이 되었을 때 불을 끄고 2분 정도 젓는다. 식은 후에 4시간 이상 냉장고에 넣어둔다.

3 버터와 설탕, 달걀 이외의 재료를 합쳐, 가장 느린 속도로 5분, 그보다 빠른 속도로 10분간 이겨, 좀 된 반죽을 만든다. 버터와 설탕을 넣고 다시 10분간 이긴다. 24℃에서 90분간 발효시킨다.

4 60분 지난 후에 가스를 빼준다.

5 반죽 210g을 떼서 3등분하고 둥글린 다음, 몇 분 휴지시킨다. 그 사이에 남은 반죽도 둥글려 15분 정도 휴지시킨다.

6 남은 반죽을 길이 90㎝로 늘려 브레첼을 성형한다.
   ※반죽이 너무 굳어 있다면 다시 10분 휴지시킨다.

7 3등분한 반죽은 길이 30㎝로 늘리고 중앙을 양쪽보다도 좀 굵게 해서 세 가닥으로 꼰다. 6개의 브레첼의 배 부분에 올린다.

8 달걀물을 바르고 24℃에서 60분 정도 발효시킨다.

9 다시 달걀물을 바른 후에 200℃ 오븐에 넣어 180℃로 내린다. 30분 정도 스팀을 주입하지 않고 굽는다.

신년에 먹는 빵을 통틀어 노이야스브레첼(Neujahrsgebäck)이라고 한다. 일상적으로 먹는 브레첼처럼 독특한 색을 만들어내는 라우게를 발라 구운 것, 반죽에 우유나 설탕을 사용하고 다 구운 후에도 설탕을 뿌린 것 등 지방에 따라 만드는 법이 다르다. 사진의 브레첼은 폭 30cm 이상의 대형 브레첼이지만 작은 것도 있다. 크기뿐만 아니라 꼬아놓은 부분이 있는 것과 없는 것, 연도가 들어간 것 등 장식도 다양하다.

신년에 이런 빵을 먹는 것은 '행운을 불러 온다'고 믿었기 때문이다. 노이야스브레첼은 섣달 그믐날에 사거나 집에서 만들거나 혹은 친한 사람에게 선물을 받아 신년에 가족과 함께 먹는다.

노이야스브레첼은 질병이나 불행, 굶주림으로부터 보호받기 위해 만들었다. 브레첼이 고리나 왕관을 본뜬 모양은 결속의 상징으로 행운이나 건강을 가져다준다고 여겼던 것이다. 신년에 이와 같은 빵을 먹는 것은 빵의 나라 독일다운 습관이다.

이들 신년 빵을 먹는 것은 인간에게 국한된 것은 아니다. 옛날에는 재난을 당하지 않기를 바라는 마음에서 가축에게도 나누어주었다고 한다.

신년뿐 아니라 이런 뭔가를 본뜬 빵을 게빌트브로트(Gebildbrot)라고 한다. Gebilde란 모양, 물체, 모습 등을 의미하는 독일어다.

음식 외에도 신년에 행운을 가져다주는 상징으로는 돼지, 네 잎 클로버, 말굽, 무당벌레, 굴뚝청소부 등이 있다.

노이야스크란츠
Neujahrskranz

* 지역: 독일 각지
* 주요 곡물: 밀
* 발효 방법: 이스트
* 용도: 신년

재료(1개분)

중종[※1]
메르코호슈토크[※2]
밀가루550···250g
스펠트 밀가루630···50g
생이스트···8g
설탕···5g
버터···60g
건포도(물이나 럼주, 사과주스 등에
24시간 담가둔다)···100g
달걀물···적당량
녹인 버터···적당량
얼음설탕···적당량
편 아몬드···적당량

※1 중종

밀가루550···150g
우유(지방분 3.5%)···100g
생이스트···0.5g

※2 메르코호슈토크

밀가루550···50g
우유···200g
소금···8g

만드는 법

1. 중종의 재료를 섞어 갠 다음, 16℃에서 16시간 발효시킨다.
2. 메르코호슈토크를 만든다. 모든 재료를 고루 섞으면서 약 65℃가 될 때까지 끓인다. 걸쭉한 느낌이 되었을 때 불을 끄고 1~2분 정도 젓는다. 식은 후에 4시간 이상 냉장고에 넣어둔다.
3. 중종, 메르코호슈토크, 밀가루, 스펠트 밀가루, 생이스트, 설탕을 합쳐, 가장 느린 속도로 6분, 그보다 빠른 속도로 2분간 반죽한다. 버터를 으깨 넣고 같은 속도로 3분간 반죽한다. 건포도는 물기를 잘 빼서 넣고 1분 정도 반죽한다.
4. 20℃에서 2시간 발효시킨다. 60분 후, 90분 후에 가스를 빼준다.
5. 반죽을 3등분해 가늘고 길게 늘인 다음, 세 가닥으로 꼬아 링을 만든다. 달걀을 발라 약 8℃ 되는 냉장고에서 12시간 발효시킨다.
6. 다시 달걀물을 바른 후에 180℃ 오븐에 넣어 40분가량 굽는다. 녹은 버터를 바르고 얼음설탕과 편아몬드를 장식한다.

노이야스크란츠는 신년(노이야: Neujahr)의 바퀴 또는 왕관(바퀴 또는)이란 뜻으로 이스트 반죽을 땋아 고리 모양으로 구운 빵을 말한다.

신년의 빵을 의미하는 노이야스크란츠 먹는 법에 대해서는 노이야스브레첼(→p.114)을 참조해 주기 바란다. 이 고리 빵은 특히 노르트라인베스트팔렌 주 뮌스터란트에서 오랜 전통으로 내려오고 있다. 이 때문에 뮌스터란트 노이야스크란츠라고도 한다.

뮌스터란트 노이야스크란츠에는 재료에 의미가 담겨 있다. 3가닥의 반죽을 땋는데, 첫 번째 가닥에는 아몬드, 피스타치오, 브랜디를 섞은 것을 연필 심처럼 반죽 한가운데에 넣는다. 여기에는 '먹은 사람에게 기쁨과 행복이 함께 하기를'이라는 의미가 담겨 있다.

두 번째 가닥에는 건포도를 넣는다. 건포도는 건강과 힘을 의미한다. 세 번째 가닥에는 아무 것도 넣지 않는다. 이는 '자연스러움, 사려, 본질에 대한 의미' '자기 자신'을 나타낸다. 그리고 고리 모양 자체는 '새로운 해의 성공'을 나타낸다. 세 가닥을 땋는 것은 기쁨과 행운과 건강의 3요소로 구성되었음을 뜻한다.

다른 지방에서도 노이야스크란츠를 먹기는 한다. 하지만 뮌스터란트의 전통적인 타입과는 달리 속을 채우지 않고, 우유와 설탕을 넣은 이스트 반죽으로 단순하게 만든다.

자를란트에서도 신년에 노이야스크란츠를 먹는 풍습이 있다. 신년이 되면 아이들은 대부모(세례를 받을 때 신앙의 후견인으로 세우는 대부와 대모)를 방문한다. 거기서 정한 문구를 외치면 남자아이에게는 브레첼을 주고, 여자아이에게는 크란츠를 준다.

이 책에서는 주재료로 밀가루를 사용하는 타입을 소개했지만, 밀 전립분이나 스펠트 밀 전립분을 사용하는 레시피도 있다.

노이야스게베크
Neujahrsgebäck

＊지역: 독일 각지
＊주요 곡물: 밀
＊발효 방법: 이스트
＊용도: 신년

재료(10개분)

밀가루550…2.5kg
버터…250g
설탕…250g
달걀…250g
이스트…125g
소금…25g
레몬 껍질 갈아놓은
　것…적당량

바닐라…적당량
우유…870㎖
달걀물(혹은 달걀물
　을 물로 희석한 것)
　…적당량
건포도…적당량

만드는 법

1 달걀물과 건포도 이외의 재료를 섞어 잘 반
　죽한 다음(반죽 온도 25℃), 30분 휴지시킨
　다.
2 반죽을 10등분한 다음, 각각 50g짜리 8개,
　20g짜리 1개로 나눈다. 50g짜리 반죽은 둥
　글려 길이 20㎝의 막대 모양으로 늘리고
　양쪽 끝은 가늘게 한다. 방사선 모양으로
　늘어놓고 바깥쪽 끝은 안쪽으로 구부린다.
3 20g짜리 반죽을 소용돌이 모양으로 성형해
　2의 중앙에 눌러 붙인다.
4 표면에 달걀물을 바르고 구부린 끝부분에
　건포도를 붙여 장식한다.
5 발효가 3/4쯤 이루어지면 200℃의 오븐을
　열고 18분가량 굽는다.

＊　　　　＊　　　　＊　　　　＊　　　　＊　　　　＊

　　신년의 빵은 여러 가지 있지만, 이것은 과자 빵의 한 가지다. 신년 빵을 아울러 이르는 말도 노이야스게베크이어서 헷갈릴 수 있지만 여기서는 신년의 과자 빵에 대한 얘기다. 이 '신년의 과자 빵'은 노이예르헨(Neujährchen)이라고 부르는 지역도 있다. 모양은 여러 가지이며, 반죽의 양끝을 제각기 역방향으로 구부린 것을 2개 십자로 조합해 구운 것과 코인 모양 등이 있다.

　　노이예르헨은 얇은 와플을 둥글려 구운 다음 크림을 채운 신년의 과자이기도 하다. 독일 북부, 바덴뷔르템베르크 주에서 신년에 먹으며, 노이야스회른헨(Neujahrshörnchen: 신년의 작은 뿔이라는 의미)이라고도 한다.

작은 버전의 신년 빵 노이예르헨. 2개를 교차시킨 모양이다.

사진 제공: Handwerksbäcker Düsseldorf

돼지는 다산을 의미하기 때문에 풍요를 가져다주는 것으로 여긴다. 마찬가지로 행운의 상징인 네 잎 클로버 위에 돼지를 올리고 머리에는 무당벌레를 올린다.

블라이기센의 도구. 촛불로 납을 녹인 다음 물이 담긴 그릇에 붓는다.

독일의 섣달
그믐날과 신년

화려하게 신년을 맞으며 먹는 빵

독일의 섣달 그믐날과 신년은 일본과는 크게 다르다. 섣달 그믐날을 질베스터라고 하는데 이렇게 부르는 이유는 12월 31일이 로마교황 실베스터 1세의 기념일이기 때문이다. 일본에서는 신년이 1년 중에서 가장 중요한 날이지만, 독일에서는 크리스마스가 가장 중요한 날이다. 신년 1월 1일은 축일이지만 일본처럼 정월기간이 계속되는 것이 아니고 신년을 맞는 방법도 상당히 다르다.

섣달 그믐날 먹는 빵

연말이 가까워지면 가게에는 행운의 상징을 모티브로 한 상품이나 과자가 등장한다. 독일에서 대표적인 행운의 상징은 세계적으로도 유명한 네 잎 클로버 외에도 돼지, 말굽, 무당벌레, 1페니히 동전, 광대버섯, 굴뚝청소부가 있다.

크리스마스는 가족과 함께 보내는 것이 보통이지만 섣달 그믐날은 친구들과 파티에 가는 사람이 많다. 섣달 그믐날 파티에 으레 따라다니는 것은 베를린 풍 판쿠헨(→p.166). 사람 수만큼 사와서 1개씩 먹는다. 판쿠헨 속에는 여느 때의 잼이 아니라 머스터드나 톱밥이 들어 있는 것도 있다. 판쿠헨을 먹으며 러시안 룰렛처럼 머스터드나 톱밥이 들어 있는 것이 누구에게 돌아갈지 모르는 스릴을 즐긴다.

섣달 그믐날, 블라이기센(bleigießen)이라는 놀이를 즐기기도 한다. 스푼에 작은 납덩어리를 올리고 촛불에 녹여서 물을 채운 그릇이나 양동이에 붓는다. 굳은 납이 무엇으로 보이느냐 하는 것으로 신년의 운세를 점친다.

신년맞이 불꽃놀이와 폭죽

자정이 가까이 되면 카운트다운이 시작되고 신년을 맞는 그 순간, "새해 복 많이 받으세요!" 하고 인사를 주고받는다. 그리고 젝트(독일 스파클링 와인)로 건배한다.

정원과 같은 야외에 모인 사람들은 신년이 온 순간에 불꽃이나 폭죽을 쏘아올린다. 커다란 소리가 울려퍼짐과 동시에 성대한 신년이 개막된다.

신년 파티가 끝나면 2일부터는 일상생활이 시작되기 때문에 화려하게 시작된 신년은 싱겁게 지나버리고 만다.

신년을 맞는 순간의 독일 거리 모습. 여기저기서 성대하게 불꽃을 쏘아 올린다.

미첼레
Mitschele

* 지역: 독일 남부 슈바벤 지방
* 주요 곡물: 밀
* 발효 방법: 이스트
* 용도: 조식 빵, 신년

재료(11개분)

중종[*1]
밀가루···320g
설탕···40g
버터···80g
소금···10g
생이스트···15g
우유···400g
달걀물···적당량

※1중종

밀가루···80g
생이스트···1g
물···50g

만드는 법

1 중종의 재료를 반죽해 냉장고에 하룻밤 넣어둔다.
2 달걀물 이외의 모든 재료를 잘 반죽한다. 15~20분간 놔둔다.
3 반죽을 1개 90g씩으로 나눈다. 둥글려 5분간 휴지시킨다.
4 짧은 막대 모양으로 만든 다음, 양손의 새끼손가락으로 양끝에 홈을 만들고 양쪽에 둥근 돌기를 만든다. 평평하게 편다.
5 달걀물을 바르고 45분~1시간 발효시킨다. 20분 정도 지나면 재차 달걀물을 바르고 격자 무늬로 칼집을 넣는다.

Tip

구울 때는 색이 진해지지 않도록 한다.

끝에 'le'가 붙은 것은 독일 남서부의 슈바벤 풍이라는 표시다. 미첼레는 바로 슈바벤 지방에서 볼 수 있는 빵이다. 격자무늬 칼집이 들어간 타원형에 손잡이 같은 모양이 양 끝에 붙어 있는 것이 특징이다.

이 부분은 따로 반죽을 붙인 것이 아니라 원래 반죽을 길게 늘려 만든 것이다. 양손 새끼손가락으로 움푹 패게 홈을 만들고 앞뒤로 둥글리면서 양끝에 돌기를 만들 듯 성형한다. 미첼레는 제빵사의 기술이 빛나는 빵이기도 하다.

예전에는 미첼레를 신년 등에 먹었으나 현재는 주로 아침에 먹는다. 이름이나 모양의 유래에 대해서는 그 고장에서 대대로 빵집을 하고 있는 제빵사에게 물어봤으나 정확한 것을 알 수 없었다. 지금은 일상적인 아침 식사용으로 너무나 당연한 존재가 돼 버려 아무도 신경을 쓰지 않게 된 듯하다.

설탕이 들어간 반죽으로 만드는 미첼레는 잼이나 스프레드를 바르지 않고 그대로 먹어도 충분히 맛있다. 독일의 디자인이라고 하면 실용성이 강조되는 듯한 이미지가 있는데 그렇지 않은 것도 있다. 미첼레가 바로 그렇다. 모양이 재미있고 귀여워 보고 있으면 행복한 기분이 된다. 아침 식사에 이런 빵이 있으면 그날 그날 행복한 기분으로 살게 될 듯하다.

프랑크푸르트에도 미첼레 비슷한 빵이 있다. 슈투츠베크(Stutzweck)라는 빵으로 섣달 그믐날에 구워 신년에 먹는다. 한쪽 돌기는 지난해를, 다른 쪽 돌기는 새로운 해를 나타낸다. 몸체에는 12월을 나타내는 의미에서 12개의 칼집을 넣는다.

(로이트링겐 풍) 무첼
(Reutlinger) Mutschel

* 지역: 독일 남부 바덴뷔르템베르크
* 주요 곡물: 밀
* 발효 방법: 이스트
* 용도: 무체르의 날

재료(약 9개분)
중종*¹
밀가루···400g
소금···10g
생이스트···15g
버터···75g
우유···200g
달걀물···적당량

※1 중종
밀가루···100g
물···65g
생이스트···1g

만드는 법
1 중종의 재료를 반죽해 냉장고에 하룻밤 넣어둔다.
2 달걀물 이외의 모든 재료를 잘 반죽한다. 5~10분간 놔둔다.
3 반죽을 1개 95g씩으로 나눈 다음, 5분간 휴지시킨다.
4 둥글려 평평하게 편 다음, 가장자리에 나이프로 짧게 8개의 칼집을 넣고 손으로 쥐어서 들쭉날쭉한 8개의 별 모양을 만든다. 남은 반죽으로 사각을 만들어 한가운데에 올린다.
5 달걀물을 바르고 45분 정도 발효시킨다. 도중에 재차 달걀물을 바른다.
6 210~220℃ 오븐에서 15분가량 굽는다.

로 이트링겐이라는 마을에서만 만드는 빵이다. 팔각의 별 모양으로 되어 있으며, 꼬아놓은 고리와 가운데의 돌기가 특징이다. 이 때문에 지역이름을 앞에 넣어 로이트링겐 풍 무첼(Reutlinger Mutschel)이라고 부르기도 한다.

무첼의 유래에는 여러 설이 있다. 가운데 있는 돌기가 그 고장의 아할름(Achalm) 산을 나타내며, 8개의 모서리는 중요한 직업을 조합해 만들었다는 설이 있는가 하면, 베들레헴의 별을 토대로 만들었다는 설도 있다. 또한 14세기에 실존했다고 전해지는 제빵사 알브레히트 무첼이 만들었다는 설도 있다.

중요한 것은 무첼은 무첼의 날(Mutscheltag)에 먹는다는 것이다. 이 빵을 먹는 무첼의 날은 13세기부터 있었다고 한다.

그렇다면 무첼의 날이 대체 뭘까? 기독교의 절기를 알고 있는 사람이라면 1월 6일 공현제(公現祭: 동방박사 세 사람이 아기 예수를 경배하러 왔던 일을 기념하는 날)에 대해 들어본 적이 있을 것이다. 프랑스 과자인 갈레트데루아를 먹는 날이라 하면 알기 쉬울지도 모르겠다. 이 공현제 후 첫째 목요일이 무첼의 날이다.

무첼의 날, 사람들은 그 고장의 양조장에 모여 주

사위 놀이로 무첼을 얻는 게임을 하며 즐긴다. 예를 들면, 주사위 3개를 컵 속에 넣고 흔든 다음 꺼낸 수의 합이 많은 사람이 이기는 식의 놀이다.

무첼과 이름이 비슷하지만 모양은 전혀 다른 빵이 있다. 미첼레(→p.120)가 바로 그것이다. 미첼레는 슈바벤 지방에서 볼 수 있는 빵으로 격자무늬 칼집을 넣은 타원형이며, 상하 혹은 양 끝에 손잡이가 같은 모양이 붙어 있다.

크게 만들면 장식도 늘게 된다. 사진의 무첼은 직경 30cm나 되며 8개의 돌기에 브레첼 등이 장식되어 있다.

무첼의 날에는 주사위 놀이를 통해 무첼을 따가는 게임을 한다.

오스터하제
Osterhase

＊지역: 독일 각지
＊주요 곡물: 밀
＊발효 방법: 이스트
＊용도: 부활절

재료(8개분)

밀가루505…1kg	달걀…2개
생이스트…125g	소금…약간
우유(데운 것)	레몬 껍질 갈아놓은
…500g	것…적당량
버터…200g	달걀물…적당량
설탕…100g	건포도…8알
	당…적당량

만드는 법

1 밀가루를 체에 쳐서 볼에 받는다. 여기에 이스트를 넣고 우유를 부은 다음, 일부 밀가루와 섞어 15분 정도 발효시킨다.
2 버터를 녹여 설탕, 달걀, 소금, 레몬 껍질 갈아놓은 것과 섞은 다음, 1의 재료에 넣어 반죽한다.
3 약 180g짜리와 약 70g짜리의 반죽을 8개씩 만든다.
4 큰 쪽의 반죽은 길이 약 30cm로 늘리고 소용돌이 모양으로 둥글린다(토끼의 동체). 작은 반죽은 타원형으로 만들어 한쪽 끝을 가늘게 늘린다(토끼의 머리). 달걀물로 머리를 동체에 붙이고, 머리의 가늘고 긴 쪽에 세로로 칼집을 넣어 귀를 만든다. 15분간 발효시킨다.
5 건포도로 눈을 만들고 달걀물을 발라 30분간 발효시킨다.
6 재차 달걀물을 바르고 얼음설탕을 뿌린 다음, 200~210℃의 오븐에서 15분~20분간 굽는다.

부 활절(오스턴) 날 만들어 먹는 토끼(하제) 빵이다. 서유럽의 그리스도교에서 토끼는 양과 함께 부활절을 상징하는 동물이다. 부활절에는 토끼가 와서 달걀에 색을 칠해 숨긴다고 전해지며, 이 숨긴 달걀을 찾는 일은 아이들의 역할이다.

사진의 빵은 토끼의 옆모습을 나타낸 것으로 소용돌이 모양의 몸체가 특징적이다. 모양은 이 외에도 기뻐하며 날뛰는 토끼를 표현한 것, 토끼의 머리만을 타나낸 것 등이 있다. 눈은 으레 건포도로 표현한다.

삶은 달걀을 갖고 있는 토끼를 보다 정교하게 표현한 것도 있다. 좌우 대칭으로 된 빵 틀도 있어 이 틀을 사용하면 입체적인 토끼 모양의 빵을 구울 수 있다.

토끼 모티프는 아주 인기가 있어 부활절에는 빵뿐만 아니라 쿠키나 초콜릿에도 사용한다.

미국에도 독일어권의 이주민에 의해 부활절 토끼(오스터하제)가 널리 보급되었다.

알트바이에른 풍
오스터브로트

Altbayerisches Osterbrot

＊지역: 독일 남부 바이에른
＊주요 곡물: 밀가루
＊발효 방법: 이스트
＊용도: 부활절

재료(2~3개분)

중종※1	※1 중종
밀가루812…500g	밀가루550…500g
버터…50g	우유…500㎖
우유…170ml	이스트…50g
소금…15g	

만드는 법

1. 중종의 재료를 섞은 다음, 25℃에서 60분 정도 발효시킨다.
2. 모든 재료를 섞어 매끄러운 반죽이 될 때까지 잘 치댄다. 실온에서 90분 정도 발효시킨다.
3. 반죽을 600g씩 잘라 직경 30㎝의 원형으로 늘린다. 발효가 1/3 정도 될 때쯤 포크로 무늬를 만들고, 발효 3/4 시점에 우유(분량 외)를 표면에 바른다.
4. 조금 열어둔 180℃ 오븐에서 25분가량 굽는다.

Tip

가능하면 빨리 먹는 것이 좋다.

알트바이에른에서 만들어 먹는 부활절(Ostern: 오스턴) 빵이다. 알트바이에른이란 옛 바이에른 지역을 말한다. 현재로 말하면 오버바이에른, 니더바이에른, 오버팔츠 지방, 즉 바이에른 주의 동쪽 지역이다. 이 지역은 바이에른인이라 불리는 사람들이 정착해 살았던 곳이다.

부활절 빵은 지방마다 달라 여러 가지가 있다. 부활절 빵을 먹는 것은 부활절이 와서 단식을 끝낸다는 표현이기도 하다.

흔히 볼 수 있는 부활절 빵은 우유와 설탕을 섞은 달달한 이스트 반죽에 건포도와 오렌지, 레몬 껍질 등을 넣고, 표면에 설탕을 뿌린 것이다. 모양도 둥글고 높이가 있다. 이 책에서 소개하는 빵은 독일에서는 소수파가 먹는 빵일 수도 있다. 재료에는 설탕이 들어가지 않고 모양도 보기 드문 타입이다. 부활절 빵 하나만 봐도 독일 빵에는 다양한 변형이 있다는 것을 알 수 있다.

오스터크란츠
Osterkranz

＊지역: 독일 전역
＊주요 곡물: 밀가루
＊발효 방법: 이스트
＊용도: 부활절

재료(6개분)

밀가루505···1kg	소금···약간
생이스트···50g	레몬 껍질 갈아놓은
우유(데운 것)	것···적당량
···500g	녹인 버터···적당량
버터···200g	삶은 달걀···6개
설탕···100g+적당량	달걀···2개
달걀···2개	

만드는 법

1 밀가루를 체에 쳐서 볼에 받는다. 여기에 이스트를 넣고 우유를 부은 다음, 일부 밀가루와 섞어 15분 정도 발효시킨다.
2 버터를 녹여 설탕 100g, 달걀, 소금, 레몬 껍질 갈아놓은 것과 섞은 다음, 1의 재료에 넣어 반죽한다.
3 반죽을 6개로 나눈다.
4 각각 3개씩 가늘고 길게 늘린 다음, 세 가닥으로 꼬아 붙여 링 모양을 만든다. 팬에 올려 15분간 발효시킨다.
5 220℃의 오븐에서 15분~20분간 굽는다.
6 녹인 버터를 바른 다음, 삶은 달걀을 올리고 설탕을 뿌린다.

Tip
부활절 느낌을 풍기는 삶은 달걀에는 좋아하는 색이나 무늬를 넣는다. 여기서는 반죽을 6개로 나누었으나 만들고 싶은 크기로 만들어도 된다. 아몬드 다이스를 뿌려 구워도 맛있다.

부활절에 먹는 빵으로 크란츠(고리, 왕관)를 본뜬 모양도 대중적인 타입이다.

부활절의 크란츠에는 색을 입힌 부활절 달걀을 올려놓는 경우가 많다. 반죽을 꼰 다음 가운데에 달걀을 놓으면 이것이 마치 새집처럼 보인다. 빵뿐만 아니라 부활절 장식으로서도 크란츠가 등장한다. 나뭇가지로 크란츠를 만들고 여기에 달걀(목제나 플라스틱제 등)이나 꽃 등을 장식한 것이 있다.

부활절 빵은 아무것도 넣지 않고 구운 것, 건포도를 반죽에 넣고 표면에 설탕과 아몬드로 장식한 것, 으깬 아몬드로 소를 채운 것 등 종류가 많다. 부활절에 이들 빵으로 빵집 앞을 장식한 것만 봐도 즐겁다. 비교적 고급스럽고 달콤한 빵이 많아 부활절 오후에 커피와 함께 먹으면 좋다.

크게 구운 오스터크란츠. 부활절 주말에는 호텔 아침 식사에도 나온다.

독일의 부활절

봄이 찾아왔음을 알리는 부활절에는
모티프를 사용한 빵이 등장한다

1 토끼 모양의 스펠트 밀 쿠키, 달걀 모양의 초콜릿 등 부활절 시기에 등장하는 과자

2 잡지에서는 부활절 특집을 마련하기도 한다. 여기에는 토끼, 양, 달걀, 병아리를 모티브로 한 과자 레시피도 등장한다.

부활절은 독일어로 오스턴(Ostern). 예수 그리스도의 부활을 축하하는 절기로, 이동축일이기 때문에 매년 시기가 다르다. 봄의 첫 만월(滿月) 직후 일요일이어야 하고, 봄은 춘분부터 시작되므로 3월 22일부터 4월 25일 사이의 일요일이 부활절에 해당한다.

오스턴의 어원은 고대 독일어로 새벽을 의미하는 Austro이다. 이것은 게르만 민족이 축하하던 봄 축제도 가리킬 가능성이 있다.

부활절과 함께 동네가 컬러풀해진다

부활절은 크리스마스 등과 나란히 독일에서는 중요한 축일이다. 동네는 부활절 색으로 변하고, 색을 입힌 달걀과 토끼 모양의 초콜릿이나 과자, 부활절 장식품이 팔리면서 동네 전체가 확 밝아진다. 일본의 봄은 벚꽃이 연상돼 봄 빛깔이라 하면 핑크라 할 수 있다. 하지만 독일에서는 초목이 싹을 트는 봄의 빛깔은 연

두색이다. 그리고 부활절의 달걀과 병아리, 봄에 피는 수선화의 노란색이 눈에 띈다. 긴 겨울이 지나고 봄이 찾아오면서 시작되는 부활절은 사람의 마음을 들뜨게 한다. 그래서 휴가를 내는 독일인도 많다.

독일, 독일어권에서 부활절의 습관은 다양하다. 부활절 몇일 전에 나뭇가지(갯버들, 자작나무, 헤이즐 등)를 사와서 집안 화병에 꽂아두기도 하고 부활절 날에 마침 싹이 나온 곳에(예수 그리스도의 부활을 이미지) 색을 칠한 부활절 달걀을 매달아놓는 습관이 있다. 이것을 오스터츠바이게(Osterzweige. zweige: 나뭇가지)라고 부른다. 색상을 입힌 달걀을 사용해 서로 부딪히게 하고 깨진 쪽이 지는 게임인 오스터아이어티첸, 오스터아이어슈토센이 있고, 언덕 위에서 굴려 추월하게 하는 놀이인 오스터아리어시벤도 있다.

독일 남부, 프랑켄 지방의 프렌키쉐 슈바이츠가 발단이 되었다고 하는 오스터브룬넨(Osterbrunnen. brunnen: 우물, 분수)이라는 전통도 있다. 동네의 분수에 부활절 장식을 하는 것으로, 1900년대 초기에 시작된 풍습이다. 또한 부활절이라 하면 토끼를 생각할 수 있다. 독일에는 부활절 토끼가 달걀을 감춘다고 하며, 그 달걀을 아이들이 찾는 풍습이 있다.

부활절 음식은 빵, 달걀, 양고기

부활절에 먹는 이렇다 할 요리는 없다. 다만 늘 잘 팔리는 상품이 있다. 이 책에서 소개한 부활절 빵(→ p.124)에 달걀을 많이 사용한 브런치를 가족이나 친구를 초대해 먹는 사람이 있다. 저녁 식사에는 양고기를 요리하는 가정도 있다.

3. 부활절 달걀과 꽃으로 장식한 오스터브룬넨

4. 부활절 상품으로 나온 토끼 모양의 쿠키. 색상도 그린과 노란색으로 밝아 봄을 느끼게 한다.

힘멜스라이터
Himmelsleiter

* 지역: 독일 남부, 오스트리아
* 주요 곡물: 밀
* 발효 방법: 이스트
* 용도: 만령절

재료(6개분)

밀가루550…2kg	레몬 껍질 갈아놓은
버터…200g	것…적당량
설탕…200g	바닐라…적당량
달걀…200g	우유…700㎖
이스트…100g	달걀물…적당량
소금…20g	

만드는 법

1 달걀물 이외의 재료를 잘 반죽한 후(반죽 온도 25℃), 30분간 휴지시킨다.
2 반죽을 6등분해, 각각 1개 95g씩 분할한 다음, 길이 20cm의 막대 모양으로 늘린다. 양끝은 제각기 반대 방향으로 조금 구부린다. 팬에 6개 정도를 나란히 놓고 붙인 다음, 달걀물을 바른다.
3 발효가 3/4쯤 이루어지면 200℃ 오븐을 열고 16분가량 굽는다.

힘멜(Himmel)은 하늘과 천국을, 라이터는 사다리를 의미한다. 힘멜스라이터는 '천국으로 가는 사다리'라는 뜻의 빵이다. 죽은 사람을 기념하는 '죽은 자의 날' 또는 '만령절'을 독일어로 알러젤렌이라 하는데, '성인(聖人)을 기념하는 날인 만성절' 다음 날인 11월 2일이 죽은 자의 날이다. 이 날에 먹는 빵이 이 힘멜스라이터다.

독일 남부와 오스트리아에서는 이 날 죽은 자들의 영이 연옥에서 내려온다고 믿었다. 그 때문에 이런 빵을 묘 등에 차리는 습관이 있었다. '천국으로 가는

사다리'는 이러한 영들이 천국으로 갈 수 있게 기도하는 마음을 담아 만들었는지도 모른다. 이런 생각은 시기는 다르지만 일본의 오봉(お盆: 양력 8월 15일을 중심으로 일본에서 행해지는 죽은 조상의 영혼을 추모하는 행사)과도 일맥상통하는 데가 있다.

죽은 자의 날에 먹는 빵에는 젤레(→p.102)나 알러젤렌쵸펜 등이 있다.

재미있는 것은 힘멜스라이터 구입 방법이다. 횡으로 배열된 나무처럼 보이는 부분을 1개 또는 3개 등으로 주문한다.

프류히테브로트

Früchtebrot

＊지역: 주로 독일 남부, 오스트리아, 스위스
＊주요 곡물: 밀, 호밀
＊발효 방법: 이스트, 사워도
＊용도: 대강절 기간

재료(1개분)

밀가루1050···750g	건포도···250g
생이스트···1개	헤이즐넛(혹은 호두)
설탕···200g	···250g
시나몬파우더···	아몬드···250g
1작은술	건자두를 담가둔 물
클로브파우더···약간	(물, 자두액 모두)
아니스파우더···약간	···400㎖
건자두···500g	건자두, 각종 견과류
건무화과···500g	···적당량

만드는 법

1 건조 과일을 하룻밤 액체에 담가둔다. 견과
  류는 절반으로 쪼개거나 거칠게 부순다.
2 나머지 재료를 합쳐 반죽한다(건조 과일을
  담가둔 액체도 사용한다). 30분 정도 발효
  시킨다.
3 1의 건조 과일을 부순다. 딱딱한 것은 익혀
  도 좋다.
4 2의 반죽에 건조 과일과 견과류를 잘 섞어
  60분간 발효시킨다.
5 성형하거나 틀에 넣고, 200℃의 오븐에서
  60~90분간 굽는다.
6 건조 과일을 담갔던 액체를 표면에 바른 다
  음, 건조 과일과 견과류를 장식한다.

Tip

사진의 프류히테브로트에는 오렌지 껍질, 레몬
껍질, 크랜베리 등도 넣었다. 취향에 맞게 사
용해도 좋다.

프류히테(Früchte)란 과일. 프류히테브로트는
건조 과일을 듬뿍 넣은 아주 고급스런 빵이
다. 독일 남부 지방에서는 예로부터 크리스마스를 맞
는 대강절 시기에 말린 서양배를 빵에 넣어 먹는 습
관이 있었다. 그것이 경제와 무역의 발전하면서 외국
의 여러 과일이 들어오게 되자 건자두, 건포도, 살구,
대추야자, 무화과, 오렌지나 레몬 껍질, 그리고 견과
류와 외국 향신료 등을 넣게 되었다.

관습적으로는 프류히테브로트를 11월 30일 성 안
드레아스의 날에 굽고 12월 6일 성 니콜라스의 날에
먹었다. 12월 24일 크리스마스 이브와 크리스마스 다
음날인 26일 성 스테파노의 날에는 가장이 슬라이스
한 것을 아이들과 하인들에게 나누어주거나 행운이
찾아오도록 가축에게 주는 풍습도 있었다.

프류히테브로트를 부르는 이름은 여러 가지다. 프
류히테브로트를 헤레베케, 비르넨브로트, 후첸브로
트, 후첼브로트, 클레첸브로트, 슈니츠브로트라고도
부른다.

비르넨브로트
Birnenbrot

＊지역: 주로 독일 남부, 오스트리아, 스위스
＊주요 곡물: 밀, 호밀　　＊발효 방법: 이스트, 사워도
＊용도: 성 니콜라우스의 날, 대강절 기간

재료(2~4개분)
밀가루1050···500g
생이스트···20g
미그근한 물···250㎖
설탕···100g
소금···1/2작은술
달걀···1개
클로브···약간
아니스···약간
헤이즐넛···250g

호두···60g
건자두(서양배, 사과, 자두, 무화과, 살구 등)···50g
건포도···75g
건자두를 담가둔 액체(물 500㎖, 적포도주 125㎖, 키르슈바서(체리로 만든 증류주) 또는 럼주 100㎖를 합친 것)

만드는 법
1 건조 과일은 담금액에 하룻밤 담가둔다.
2 설탕을 조금 넣은 미온수에 이스트를 풀어 10분간 발효시킨다.
3 밀가루, 소금, 나머지 설탕, 향신료를 섞은 다음, 한가운데를 움푹하게 해놓고 2를 부어넣는다.
4 건조 과일 담금액 250㎖를 데워 달걀과 함께 3에 넣고 잘 반죽한다. 천으로 씌워 따뜻한 곳에서 60분 정도 발효시킨다. ※반죽이 달라붙으면 가루를 더 넣어도 되지만 너무 되지 않게 하는 것이 좋다.
5 서양배를 15분 정도 부드럽게 조린다. 물기를 뺀다.
6 건조 과일을 잘게 썬다. 질긴 줄기 부분 등은 제거한다.
7 가루(분량 외)를 뿌린 작업대 위에 4를 꺼내놓고, 자른 건조 과일과 건포도를 반죽에 섞는다. 반죽을 평평하게 펴고 견과류를 그 위에 뿌린 다음 반죽을 접어 잘 섞는다.
8 반죽을 2~4개로 나눈 다음, 반원통형으로 성형해 포일로 덮는다. 50℃의 발효기 등에서 60분 정도 발효시킨다.
9 200℃ 오븐에서 30분 정도 구운 후, 180℃로 내려 5의 조린 국물을 바르고 다시 45분간 굽는다. 다 구워졌으면 다시 조린 국물을 바른다.

건　조 과일을 많이 넣은 프류히테브로트(→ p.129)로, 특히 서양배를 듬뿍 넣어 만든 것이 비르넨브로트다. 후첸브로트(Hutzenbrot), 후첼브로트(Hutzelbrot), 클레첸브로트(Kletzenbrot)라고도 한다. 이들 이름에 붙은 Hutzen, Hutzel, Kletze이란 오스트리아의 방언으로 말린 서양배를 뜻한다. 서양배는 예로부터 많이 먹던 과일로 생으로 먹기도 하고 말려 먹기도 했다. 또한 익혀서 시럽으로 하기도 하고 주스나 잼, 증류주 등으로 이용하기도 했다. 비르넨브로트 비슷한 빵이 프랑스 알자스 지방에도 있는데 베라베카(Be(e)rawecka)로 알려져 있다. 비르넨브로트와 다른 인상이지만 Be(e)ra는 서양배, wecka는 작은 빵을 말하는 것으로 의미로는 똑같이 '서양배 빵'이다.

성 니콜라우스

크리스마스 시기에
등장하는 성인

성 니콜라우스를 알고 있는가? 3세기에 현재의 터키에 있던 뮈라(Myra)의 주교 성 니콜라우스. 12월 6일은 그 성 니콜라우스를 기념하는 날로 가톨릭에서는 꽤 친근한 존재이다. 독일에서는 축일은 아니지만 선물을 받을 수 있는 즐거운 날로 사람들이 기다린다.

선물을 나누어주는 성 니콜라우스

이때 선물을 나눠주는 사람이 성 니콜라우스다. 독일에는 크리스마스 이브에 산타클로스가 순록이 끄는 썰매를 타고 굴뚝을 내려와 선물을 두고 간다고 하는 얘기는 없다.

그 대신 선물을 배달해 주는 사람이 성 니콜라우스다. 12월 6일 성 니콜라우스 기념일 전야에는 자신의 방 앞이나 현관에 장화 또는 긴 양말을 놔두면 거기에 초콜릿이나 견과류, 귤 등을 넣어준다.

성 니콜라우스가 주교였던 당시 어느 가난한 남자가 세 딸을 시집보낼 돈이 없어 딸을 팔 수밖에 없다고 난처해하고 있었다. 그때 밤에 창문을 통해 금괴

를 3일 연속 살짝 넣어 주었다고 하는 전설에서 기인한다. 이 외에도 거친 바다에서 항해하는 배를 조정해 파도를 잠잠하게 하고 악마에게 목을 졸린 소년을 다시 살려주기도 했다는 전설도 남아 있다. 뮈라에 기근이 덮쳤을 때. 황제에게·바치는 곡물을 쌓은 배의 식량을 사람들에게 조금씩 나눠주었고 사람들은 그렇게 해서 목숨을 구했다. 그런데도 황제에게 바치는 곡물의 양은 조금도 달라지지 않았다. 이 기적을 행한 사람도 성 니콜라우스라는 설이 전해오고 있다.

아이들에게 친숙한 성인

12월 6일 성 니콜라우스의 날에는 니콜라우스가 유치원 등을 찾아와 착한 아이인지 나쁜 아이인지, 아이들에게 묻는다. 나쁜 짓을 한 아이는 자작나무 가지로 매를 맞는다.

성 니콜라우스와 비슷한 존재로는 바이에른 남부, 오스트리아, 헝가리, 체코 등에 크람푸스라 하는, 일본의 도깨비 같은 무서운 악마가 있다. 나쁜 아이에게는 쇠사슬을 울리며 겁을 준다. 또한 중부와 북부 독일에서는 크네히트 루프레히트라는 성 니콜라우스의 조수쯤 되는 사람이 있는데, 12월 5일 밤 성 니콜라우스와 함께 아이들을 만나러 온다.

산타클로스는 독일어로는 바이나하츠만(Weihnachtsmann)이라 하는데, 성 니콜라우스와는 다른 존재이다.

성 니콜라우스 날은 일본에서는 그다지 친숙하지 않지만, 대강절 기간에 있는 이 날은 과자나 초콜릿 같은 선물과 함께 크리스마스의 카운트다운이 드디어 시작된다는 것을 알리는 날이기도 하다.

1 이와 같은 모습을 한 성 니콜라우스가 12월 6일 찾아온다.

2 12월 6일 아침, 현관의 구두나 부츠에는 이런 식의 과자 선물이 들어 있다.

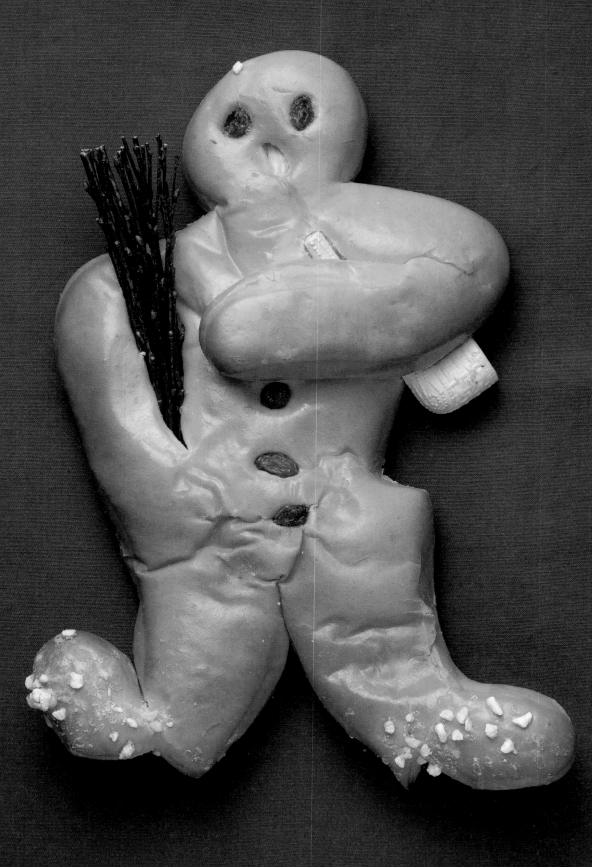

베크만
Weckmann

* 지역: 독일 각지
* 주요 곡물: 밀
* 발효 방법: 이스트
* 용도: 성 니콜라우스의 날, 대강절

재료(4개분)

밀가루505…1kg
생이스트…50g
우유(데운 것)…500g
버터…200g
설탕…100g
달걀…2개
소금…약간
레몬 껍질 갈아놓은 것…적당량
달걀흰자…적당량
우유에 달걀노른자를 풀어놓은 것…적당량
건포도…적당량
편아몬드…적당량

만드는 법

1 밀가루를 체에 쳐서 볼에 받는다. 여기에 이스트를 넣고 우유를 부은 다음, 일부 밀가루와 섞어 15분 정도 발효시킨다.
2 버터를 녹여 설탕 100g, 달걀, 소금, 레몬 껍질 갈아놓은 것과 섞은 다음, 1의 재료에 넣어 반죽한다. 20분간 발효시킨다.
3 반죽을 4개로 나누고, 각각 1/3을 떼서 머리와 팔을 만든다. 나머지는 길게 늘리고 한가운데에 세로로 절반 칼집을 넣어 양다리를 만든다. 달걀흰자로 머리와 양팔을 동체에 붙이고 달걀노른자와 우유를 풀어 전체에 바른다.
4 파이프를 들게 하고, 건포도, 아몬드로 눈과 입, 단추를 붙인다.
5 220℃의 오븐에서 20분가량 굽는다.

베크만(Weck)은 작은 빵, 만(mann)은 사람, 즉 인형 빵을 말한다.

이 '사람'이 누구냐 하면 뮈라의 성 니콜라우스다. 성 니콜라우스를 본뜬 이 빵을 독일 대부분의 지역에서는 12월 6일의 성 니콜라우스의 날(→p.131)에 먹는다. 노르트라인 베스트팔렌 주, 헤센 주, 아이히스펠트 지방에서는 11월 11일 성 마르티누스의 날에도 먹는다. 크리스마스 전의 4주일을 대강절이라 부르는데, 이 대강절 기간에도 먹는다.

베크만은 형상을 본뜬 말하자면 상형(象形) 빵의 일종이다. 옛날에는 이 베크만을 병자나 잘못을 뉘우치는 사람에게 주는 성스러운 빵으로 사용했다고 한다. 당시는 지금 같은 형상은 아니었으나 점차 모양이 바뀌어 성 니콜라우스를 본뜬 형상이 만들어졌다고 한다.

지역에 따라 도자기제 파이프를 들고 있는 베크만도 있다. 이 파이프를 거꾸로 세우면 지팡이가 되는데, 원래는 파이프가 아니라 주교가 들고 다니는 지팡이를 표시했다.

지팡이가 파이프로 바뀐 이유에 대해서는 여러 설이 있는데 대표적인 2가지를 소개한다. 하나는 마르틴 루터의 종교개혁 시대, 그리스도교적 상징을 세속화해서 그때까지 주교의 지팡이였던 것을 거꾸로 해서 파이프로 바꾸었다는 것. 또 하나는 18세기 어느

빵집에서 일어난 에피소드다. 제빵사가 베크만을 만들다가 지팡이가 끊어지자 대용품이 없을까 근처 담배 가게를 들여다보았다. 그때 마침 그곳에서 지팡이 비슷한 작은 파이프를 발견하고 이것을 베크만에게 들게 했다고 한다.

베크만은 지방에 따라 다른 이름으로 불린다. 슈투텐켈이나 클라우젠만(니콜라우스가 클라우제로 바뀐 것)으로 불리는 한편, 바덴 지방 북부 프란츠와 헤센 남부에서는 담베다이('인형', '어리석은 자', 또는 '번영하다'라는 의미의 dedeihen에서 따와 축복을 부르는 빵이라는 뜻으로 사용)라고 부른다. 스위스에서는 '다리를 벌린 남자'를 뜻하는 그레티마와 그리티벤츠라고 한다.

빵집의 앞에 디스플레이한 베크만. 그 재미있는 표정에 뜻밖에도 얼굴이 풀어진다. 이 베크만은 단추에 말린 체리를 사용했다.

베크만

이렇게 부르는 이름이 많은 건 이 빵이 각 지방에 널리 뿌리를 내렸다는 증거이기도 하다. 독일 빵 중에서도 특히 많은 이름을 갖고 있는 베크만은 같은 것을 가리킨다고 보기 힘든 이름도 몇 개나 된다. 이 책에서는 각 이름의 특징을 표로 나타내 소개한다. 참고하기 바란다.

독일어권에서 부르는 베크만의 다른 이름

명칭	독일명	사용되는 지역	특징
Weck(en)mann	베크(켄)만	프랑켄 지방 이북 전역	베켄은 반죽에 설탕을 넣지 않은 것
Weck(en)männchen	베크(켄)멘헨	니더작센 일부	
Stutenkerl	슈투텐켈	베를린, 함부르크 주변, 니더작센 서부와 북부, 노르트라인베스트팔렌 주	슈토텐은 반죽에 설탕과 유지가 들어간 빵
Stutenmann	슈투텐만	브란덴부르크와 프랑켄 일부	
Krampus	크람푸스	바이에른 동부, 오스트리아	니콜라우스의 지팡이(파이프)가 없고 크람푸스의 모서리가 붙어 있다.
Grittibänz	그리티벤츠	스위스	다리를 벌린다는 의미의 방언으로부터
Grättimann	그레티만	바젤 주위	
Klausenmann	클라우젠만	바덴뷔르템베르크 주변	니콜라우스에서 유래한 이름
Dambedei	담베다이	슈투트가르트 주변	이름의 유래가 불명확
Hefekerl	헤페켈	프랑켄	이스트 반죽으로 만든 남자라는 뜻
Pfefferkuchenmann	페퍼쿠헨만	포메른 일부, 브란덴부르크와 튀링겐의 일부	페파는 후추를 말하지만 향신료의 총칭으로서도 사용된다. 향신료가 들어간 반죽을 말한다.
Lebkuchenmann	레브쿠헨만	프랑켄 일부	레브쿠헨의 반죽으로 만든 것

참고 : Atlas zur deutschen Alltagssprache, 외

담베다이라 불리는
독일 남부의 베크만

율슈랑게
Julschlange

* 지역: 독일 남부
* 주요 곡물: 밀
* 발효 방법: 이스트
* 용도: 동지

재료(6~7개분)

밀가루550···2kg
버터···200g
설탕···200g
달걀···200g
이스트···100g
소금···20g
레몬 껍질 갈아놓은 것···적당량
바닐라···적당량
우유···700㎖
달걀물···적당량

만드는 법

1 달걀물 이외의 재료를 잘 치댄 후(반죽 온도 25℃) 30분간 휴지시킨다.
2 반죽을 6~7등분한 다음, 각각 400g짜리와 50g짜리 반죽을 하나씩 만들고, 나머지는 12개로 나눈다. 400g짜리 반죽은 둥글려서 말굽 모양을 만들어 팬에 놓는다. 50g짜리 반죽은 가늘게 늘려 뱀처럼 말굽 모양 위에 올린다. 12개로 나눈 반죽은 동그랗게 해서 붙이면 된다.
3 달걀물을 바른 다음, 발효가 3/4쯤 되면 200℃ 오븐을 열고 18분가량 굽는다.

율이란 게르만 민족이 동지부터 2월 초까지 즐겼던 축제를 말한다. 현재의 북유럽의 말로는 (각국의 발음은 다르지만) 크리스마스를 의미한다.

게르만 민족은 태양이 매년 동지에 죽었다가 다시 살아난다고 믿었다. 게르만 신화에는 뱀이 등장하는데, 그들에게 뱀은 '풍작의 상징' '다시 태어남'을 의미하는 동물이었다. 뱀 모양으로 빵을 만든 것은 동지에 한 번 죽었다가 다시 소생하는 태양을 뱀에 투영했는지도 모른다.

율슈랑게에는 점 같은 돌기가 있는데, 그 개수가 12개다. 이것은 1년의 12개월을 나타낸다.

그리 흔치 않은 빵이지만 민속사적 측면을 엿볼 수 있는 빵이라 할 수 있다.

슈톨렌
Stollen

* 지역: 독일 각지
* 주요 곡물: 밀
* 발효 방법: 이스트
* 용도: 대강절 기간, 크리스마스

재료(2~3개분)

밀가루550…1kg+200g
생이스트…100g
우유(데운 것)…400g
설탕…100g+적당량
달걀…2개
바닐라콩…1개분
슈톨렌 향신료…10g
레몬 껍질 갈아놓은 것…적당량
소금…1/2작은술
버터…400g
건포도…350g
아몬드 다이스…100g
레몬 껍질…100g
오렌지 껍질…50g
럼…20㎖
녹인 버터…적당량
슈거파우더…적당량

만드는 법

1 볼에 밀가루 1kg을 넣은 다음, 가운데를 움푹하게 해놓고 여기에 생이스트와 우유를 넣어 섞는다. 커버를 씌워 실온에서 20분 정도 발효시킨다.
2 1에 설탕, 달걀, 바닐라콩, 슈톨렌 향신료, 레몬 껍질 갈아놓은 것과 소금을 넣어 반죽한다. 10~15분간 발효시킨다.
3 밀가루 200g과 버터를 갠 다음, 2에 합쳐 반죽한다. 10~15분간 발효시킨다.
4 3에 건포도, 아몬드 다이스, 레몬 껍질, 오렌지 껍질을 합치고, 럼주를 부어 재빨리 섞는다. 10~15분간 발효시킨다.
5 반죽을 2~3등분해, 30㎝ 정도로 늘린 다음, 밀대로 밀어 가운데를 얇게 만든다. 한쪽 끝을 다른 한쪽 끝에 붙이듯이 갖다 댄다. 커버를 씌워 10~15분간 발효시킨다.
6 200~210℃의 오븐에서 30분가량 굽는다. 뜨거울 때 버터 녹인 것을 바르고, 설탕을 흩뿌린 다음, 슈거파우더를 뿌린다.

Tip

독일에는 미리 만들어 시판하는 슈톨렌 향신료가 있다. 물론 직접 만들 수도 있다. 혼합하는 향신료의 종류가 정해져 있지는 않으나 보통 시나몬, 카르다몸, 코리앤더 씨, 클로브, 아니스를 기본으로 생강, 레몬 껍질 등을 많이 쓴다.

일본에서도 최근 인기가 있는 슈톨렌. 슈톨렌(stollen)은 슈톨레(stolle)라고도 한다. 지주(支柱)를 의미하는 고대 독일어 stllo가 토대가 되었다고 하는데, 굵은 막대 모양으로 보아 이 유래가 분명하다고 볼 수 있다.

주로 크리스마스 시즌 전후에 먹기 때문에 크리스트슈톨렌(Christstollen: 그리스도의 슈톨렌) 또는 바이나하츠슈톨렌(Weihnachtsstollen: 크리스마스의 슈톨렌)이라고도 한다.

독일연방식량·농업성과 독일식품사전 제작위원회가 작성한 〈독일식품 사전〉에 따르면 슈톨렌의 정의는 '곡물가루 100에 대해 30 이상의 버터 혹은 같은 양의 우유로 만든 유지나 마가린, 60의 건포도 또는 커런트, 오렌지, 레몬 껍질이 포함되어 있는 것'으로 되어 있다.

먹어본 사람은 잘 알겠지만 슈톨렌은 설탕과 버터가 듬뿍 들어가며 건조 과일과 견과류, 향신료 등을 넣은 고급스런 빵이다. 그러나 이는 현대의 슈톨렌이고, 중세 때는 밀가루만으로 만든 검소한 빵이었다. 이것을 크리스마스 전의 단식 기간에 먹었다. 단식 동안에는 고급스런 빵을 허용하지 않아 버터나 설탕, 건조 과일이나 견과 등을 넣지 않았기 때문이다.

슈톨렌이 변한 것은 15세기. 작센 선제후 에른스트와 동생인 알브레히트가 로마 교황 이노센티우스 8세에게 버터 사용을 허용해 달라고 요구했고 1491년에 이를 인정받았다. 이를 계기로 작센의 제빵사들은 버터를 비롯해 다른 재료를 사용할 수 있게 되었다.

이러한 역사배경이 있기 때문에 슈톨렌이라 하면 작센의 드레스덴을 본고장으로 여긴다. 2010년에 드레스덴 시내 또는 주변의 동네에서 만들어지는 슈톨렌은 드레스덴 슈톨렌, 드레스덴 크리스트슈톨렌 또는 드레스덴 바이나하츠슈톨렌이라는 명칭으로 EU의 지리적 표시보호(PGI)에 등록되었다. EU의 지리적 표시보호라는 말이 낯선 사람도 있겠지만 특정의 장소나 지역 또는 나라를 원산지로 해서, 그 원산지에 유래하는 높은 품질이나 평가를 받은 제품에 사용하는 표시를 말한다. 현재 드레스덴 슈톨렌 보호협회에는 약 130회원이 있으며, 드레스덴 슈톨렌의 보호와 보급활동을 위해 애쓰고 있다.

이 때문에 드레스덴 슈톨렌은 사용하는 재료가 정

슈톨렌

해져 있다. 밀가루405 또는 550, 전유 또는 전유분, 설탕, 버터 또는 버터오일, 오렌지나 레몬 껍질, 건포도, 스위트 및 비터 아몬드, 소금, 슈거파우더, 향신료가 들어가야 한다.

인공향료나 마가린 등의 사용은 허용되지 않는다. 그리고 구울 때 틀을 사용하는 것도 금지되어 있다.

드레스덴 슈톨렌은 포장지에 EU의 지리적 표시보호 마크와 드레스덴 슈톨렌 보호협회가 인정하는 봉인 실이 붙어 있어야 한다. 매년 대강절이라 불리는 크리스마스 전의 기간에 협회가 주최하는 슈톨렌 검사를 받아야 한다. 이에 합격했다는 것은 맛이나 품질을 보증받았다는 의미다.

아무튼 현대의 슈톨렌은 버터나 건조 과일이 많이 들어 있고 묵직하다. 반죽은 촉촉한 것이 특징이다. 먹을 때는 얇게 슬라이스한다.

슈톨렌은 크리스마스 시즌에만 먹는 건 아니다. 크리스마스가 끝나고 새해가 밝고 나서 먹어도 좋다. 유통기간에도 문제없다. 이 시기에 독일에서는 슈톨렌을 선물 받거나 사거나 해서 가정에 많이 쌓여 있으므로 크리스마스에 다 먹기는 어려울 수 있다. 사람에 따라서는 좀 시간이 지나 딱딱해진 슈톨렌을 좋아하는 사람도 있다.

DRESDNER CHRISTSTOLLEN®
Nur echt mit dem Siegel.

1 드레스덴 슈톨렌 보호협회가 인정하는 드레스덴 슈톨렌의 봉인. 각기 검사번호가 붙어 있다. 밑에는 '드레스덴 슈톨렌, 이 봉인이 있는 것만 진짜'라고 쓰여 있다.
2 제 22대 슈톨렌 아가씨 마리 라시히 씨(2016년). 슈톨렌과 슈톨렌 나이프를 들고 활짝 웃고 있다.
3 드레스덴 슈톨렌 보호협회에서는 품질유지를 위해 각 점포의 슈톨렌 불시검사를 하고 있다. 겉모양, 구운 정도, 냄새 등 다양한 항목을 확인한다.

누스슈톨렌
Nussstollen

∗ 지역: 독일 각지
∗ 주요 곡물: 밀
∗ 발효 방법: 이스트
∗ 용도: 대강절 기간, 크리스마스

슈톨렌 변형

재료(1~2개분)

밀가루550···1kg	※1 견과류 필링
생이스트···60g	우유···120㎖
우유(데운 것)·300㎖	설탕···120g
버터···350g	헤이즐넛 파우더
소금···10g	···340g
설탕···120g+적당량	시나몬파우더···약간
바닐라···적당량	달걀흰자···1개분
견과류 필링※1	
녹인 버터···적당량	
슈거파우더···적당량	

만드는 법

1 볼에 밀가루를 넣은 다음, 가운데를 움푹하게 해놓고 여기에 이스트와 우유를 넣어 섞는다. 커버를 씌워 실온에서 15분 정도 발효시킨다.

2 버터를 크림 상태가 될 때까지 부드럽게 만든 다음 소금, 설탕 120g, 바닐라를 넣어 잘 섞는다. 1에 넣어 반죽한 다음, 10~15분간 발효시킨다.

3 소를 만든다. 우유, 설탕, 시나몬파우더를 불에 올리고, 끓으면 헤이즐넛 파우더를 넣어 섞는다. 불을 끄고 식힌 후 달걀흰자를 넣어 잘 섞는다.

4 반죽을 긴 사각형으로 밀어 견과류 소를 골고루 펼쳐놓는다. 짧은 쪽부터 말아 틀에 넣고 15~20분간 발효시킨다.

5 200~210℃의 오븐에서 75분가량 굽는다. 뜨거울 때 버터 녹인 것을 바르고, 설탕을 흩뿌린 다음, 슈거파우더를 뿌린다.

누스는 견과류를 통틀어 이르는 말이지만 특히 헤이즐넛을 가리킨다. 이 경우 헤이즐넛을 넣은 슈톨렌이라는 말이 된다. 건포도가 들어가지 않은 타입의 슈톨렌으로 표면에는 당분을 듬뿍 뿌린다.

헤이즐넛은 하젤누스마세라는 페이스트 상태의 견과류 소로 만들어 반죽에 감아 슈톨렌을 만든다. 페이스트는 너무 매끄럽게 하지 않고 헤이즐넛의 식감이 조금 남아 있는 정도가 좋다. 견과류 속의 갈색과 슈톨렌 반죽의 색이 만드는 소용돌이 무늬가 슬라이스해서 단면을 보면 특히 아름답다.

슈톨렌의 모양은 특별히 정해져 있지는 않다. 가운데가 볼록한 산 모양의 슈톨렌 틀에 넣은 것, 사각 틀에 넣은 것 등이 있다.

만델슈톨렌
Mandelstollen

＊지역: 독일 각지
＊주요 곡물: 밀
＊발효 방법: 이스트
＊용도: 대강절 기간, 크리스마스

슈톨렌 변형

재료(1개분)

밀가루550⋯1kg	바닐라⋯적당량
생이스트⋯60g	아몬드 다이스
우유⋯300㎖	⋯250g
버터⋯350g	레몬 껍질⋯250g
소금⋯10g	녹인 버터⋯적당량
설탕⋯120g+적당량	슈거파우더⋯적당량

만드는 법

1 볼에 밀가루를 넣은 다음, 가운데를 움푹하게 해놓고 여기에 이스트와 우유를 넣어 섞는다. 커버를 씌워 실온에서 15분 정도 발효시킨다.

2 버터를 크림 상태가 될 때까지 부드럽게 만든 다음 소금, 설탕 120g, 바닐라를 넣어 잘 섞는다. 1에 넣어 반죽한 다음, 10~15분간 발효시킨다. 아몬드 다이스와 레몬 껍질을 넣어 잘 섞은 후 10~15분간 발효시킨다.

3 슈톨렌 틀에 넣거나 틀에 넣지 않고 성형하거나 한다. 커버를 씌워 10~15분간 발효시킨다.

4 200~210℃의 오븐에서 75분가량 굽는다. 뜨거울 때 버터 녹인 것을 바르고, 설탕을 흩뿌린 다음, 슈거파우더를 뿌린다.

Tip
사진처럼 구운 아몬드 다이스를 넣어도 좋다. 구운 후 1주일 이상 놔뒀다가 먹으면 더욱 맛있다. 반죽을 2등분해서 구워도 좋다.

만 델(Mandel)은 아몬드를 말한다. 반죽에 아몬드 가루나 아몬드 다이스를 섞어 구운, 아몬드가 들어간 슈톨렌이다. 과일류는 들어가지 않는 것이 많지만 넣어도 상관없다. 레몬 껍질을 갈아 넣으면 쫀득한 맛이 된다. 보통의 슈톨렌(→p.136)과 마찬가지로 향신료를 넣어도 좋다.

한 마디로 아몬드를 넣은 슈톨렌이라 해도 그 해석은 다양하다. 같은 아몬드라 해도 아몬드를 원재료로 하는 마지팬(Marzipan:아몬드 가루, 설탕, 달걀흰자로 만든 아몬드 페이스트)이 있는가 하면 표면에 아몬드 슬라이스를 뿌린 것도 있다. 여기서 소개하는 것은 볶은 아몬드를 사용했다. 이것도 좀 다른 식감과 풍미가 있어 좋다.

보기에는 보통의 슈톨렌보다 소박하지만 먹어보면 아몬드만으로도 충분하다고 생각될 정도로 만족감이 있다.

몬슈톨렌
Mohnstollen

* 지역: 독일 각지
* 주요 곡물: 밀
* 발효 방법: 이스트
* 용도: 대강절 기간, 크리스마스

슈톨렌 변형

재료(1개분)

밀가루550…500g	레몬껍질 갈아놓은
생이스트…42g	것…1개분
우유(데운 것)·150㎖	달걀…1개
설탕…25g	몬마세*¹
버터…275g	녹인 버터…적당량
소금…약간	슈거파우더…적당량
육두구(갈아놓은	**※1 몬마세**
것)…약간	우유…250㎖
카르다몸 파우더	버터…25g
…1/4작은술	설탕…75g
	양귀비씨(빻은 것)
	…125g

만드는 법

1 볼에 밀가루를 넣은 다음, 가운데를 움푹하게 해놓고 여기에 이스트와 우유 5큰술, 설탕을 넣어 섞는다. 커버를 씌워 실온에서 15분 정도 발효시킨다.
2 버터를 나머지 우유에 녹인 다음, 소금, 육두구, 카르다몸 파우더, 레몬 껍질, 달걀과 함께 1에 넣고 잘 이겨서 매끄러운 반죽을 만든다.
3 몬마세를 만든다. 우유와 버터를 불에 올리고, 설탕과 양귀비씨를 넣어 잘 섞으면서 수분이 없어질 때까지 10분 정도 조린다. 불을 끄고 식힌다.
4 반죽을 사각형으로 밀어 몬마세를 골고루 펼쳐놓는다. 짧은 쪽을 양쪽에서 한가운데로 접고, 그것을 다시 2개로 접어 30㎝ 길이의 틀에 넣는다.
5 175℃의 오븐에서 60분가량 굽는다. 뜨거울 때 버터 녹인 것을 바르고 설탕을 뿌린다.

Tip
반죽을 2등분해서 구워도 좋다.

몬 (Mohn)이란 양귀비씨를 말한다. 몬슈톨렌이란 양귀비씨를 페이스트로 한 몬마세를 넣은 슈톨렌을 가리킨다.

양귀비는 기원전부터 이용하기 시작했으며 4대 문명이 싹틀 무렵에는 재배해 사용했다고 한다. 지금도 식용과 약용으로 사용하는데, 식용으로 사용하는 것은 씨앗이다. 씨앗에는 유분이 많기 때문에 압착해서 오일로 사용하기도 하고, 씨앗 그 자체의 향기가 좋아 과자류에 사용하기도 한다. 씨앗의 색은 흰색, 회색, 청색, 거무스름한 청색이 있다. 독일에서 사용하는 것은 청색 계통으로 연간 약 8000톤이 가공된다. 양귀비씨를 사용한 빵이나 케이크가 없는 빵집이 거의 없을 정도로 독일에서는 친근한 식재료다.

맛도 그렇지만 양귀비씨는 깊은 검정색을 띠고 있어 빵이나 과자에 사용하면 보기에도 좋다. 아름다운 소용돌이 모양이 특징적인 이 슈톨렌은 반죽과 몬마세를 층으로 해서 말아 넣은 것이다. 이것을 양쪽에서 좌우대칭으로 말아 틀에 넣고 구우면 된다. 이 외에도 산 모양의 틀에 넣어 구운 것, 틀에 넣지 않고 구운 것 등이 있다.

드레스덴의
슈톨렌 축제

본고장에서 개최되는 성대한 축제
크리스마스를 앞두고 성대함을 보인다

크리스마스 시장의 슈톨렌 판매대. 종류나 크기가 다양해 어떤 것을 골라야 할지 망설여진다.

독일의 크리스마스에 없어서는 안 되는 과자 빵이라 하면 일본에도 알려져 있는 슈톨렌(→p.136)이다. 본 고장인 드레스덴에서는 매년 강림절 두 번째 토요일에 슈톨렌 축제(Stollenfest)가 열린다.

슈톨렌은 드레스덴의 자랑

1994년부터 시작된 이 축제에는 약 3톤이나 되는 거대한 슈톨렌을 실은 마차가 메인으로 등장한다. 그리고 드레스덴 시내의 제빵사들, 드레스덴 슈톨렌 보호협회의 멤버, 대형 슈톨렌을 처음으로 만든 아우구스트 강건왕 군대로 분장한 사람들, 매년 선발된 슈톨렌 아가씨, 동네의 고적대 그룹 등 총 500여 명이 드레스덴 구 시가지를 화려하게 퍼레이드 한다.

클라이맥스는 드레스덴의 명물 크리스마스 시장(드레스덴에서는 슈트리첼마르크트)에서 하는 대형 슈톨렌 커트. 여러 명의 제빵사들이 마차 위에 올라가 슈톨렌을 잘라 나누는 모습은 압권이다. 약 500g 정도로 나눠지는 슈톨렌은 그 자리에 있는 사람들에게 판매된다.

슈톨렌 축제는 드레스덴 시민이 이 고장의 자랑으로 여기는 슈톨렌과 그 문화를 축하하는 일대 이벤트이다.

1 퍼레이드에는 아우구스트 강건왕으로 분장한 사람도 등장한다. 2 아우구스트 강건왕이 마련한 차이트하임 진영의 군인들. 훌륭한 복장에 당시의 영화를 엿볼 수 있다. 3 대형 슈톨렌을 실은 마차가 지나가면 구경을 나온 사람들의 분위기는 최고조에 달한다. 마차 옆에는 슈톨렌의 크기를 보여주는 길이 3.55m, 높이 88cm, 무게 2872kg의 표시가 되어 있다.

대형 슈톨렌의 시작

어떻게 이런 거대한 슈톨렌을 만들에 되었을까? 그 유래는 1730년대로 거슬러 올라간다. 당시의 지배자였던 아우구스트 강건왕(작센의 선제후 프리드리히 아우구스트 1세 및 폴란드왕 아우구스트 2세)이 드레스덴 근처의 차이트하임에 화려한 군사 연습을 보이기 위한 진영을 쳤다.

이때 유럽 각지에서 온 손님을 대접하기 위해 제빵사 요한 안드레아스 차하리아스에게 명해 만들게 했던 것이 바로 1.8톤이나 되는 거대한 슈톨렌이었다. 이 슈톨렌을 만드는 데 참여한 제빵사는 60명, 나르는 데 8마리의 말이 필요했다고 한다.

이 모습을 그린 동판화를 구 동독시대에 잊혀져 버렸던 것을 작센 지방의 예술과 문화조사를 하던 무체라 박사가 1990년대 초에 발견했다. 그로부터 이 대형 슈톨렌을 만들어 축제를 열자는 아이디어가 생겨났고 슈톨렌 축제가 열리기에 이르렀다.

슈톨렌을 자르는 초대형 나이프

대형 슈톨렌은 강림절이 시작되기 약 1개월 전인 10월 말경부터 굽기 시작한다. 드레스나 슈톨렌 보호협회의 회원 빵집과 제과점 130곳이 분담해 슈톨렌을 굽고 그것을 쌓아 버터를 바르고 둥근 설탕을 뿌려 대형 슈톨렌을 완성한다. 대형 슈톨렌 케이크 커트는 초대 독일 최우수 베이커 마이스터인 레네 크라우제 씨와 그 해의 슈톨렌 아가씨가 한다. 두 사람은 대형 슈톨렌에 걸맞는 대형 슈톨렌 나이프를 가지고 자른다.

사실 이 나이프도 옛날 아우구스트 강건왕이 대형 슈톨렌을 만들게 했을 때, 그에 맞춰 만들게 한 나이프가 원형이 되었다. 대형 슈톨렌을 그린 동판화에 나이프 그림이 있고 설명도 되어 있다. 은으로 만든 길이 1.6m의 멋진 나이프였다. 다만 이 실물 나이프는 제2차 세계대전 후 행방불명이 되었다.

슈톨렌 공식 사이트(영어)
www.dresdnerstollenfest.de/en/

4 대형 슈톨렌은 대형 나이프로 자른다. 슈톨렌 축제에서도 가장 주목을 받는 순간이다. 5 대형 슈톨렌을 시작한 시내 빵집과 제과점 스태프들도 퍼레이드에 참가한다. 드레스덴 슈톨렌 보호협회의 머플러를 목에 두르고 자랑스러워한다. 6 자른 슈톨렌을 앞에 두고 자랑스럽게 미소를 짓고 있다. 대형 슈톨렌을 자르는 크라우제 씨와 그 해의 슈톨렌 아가씨

독일의
크리스마스

**1년 중 가장 화려한 날
슈톨렌도 식탁을 장식한다**

교회 밖에 장식해놓은 크리스마스 트리. 환상적인 분위기를
연출한다.

크리스마스를 독일에서는 바이나하텐(Weihnach-ten)이라 한다. 직역하면 '성스런 밤'이라는 의미다. 독일에서는 12월 24일 오후에 가게 문을 닫기 때문에 크리스마스 시장도 마지막 날이 된다. 크리스마스를 위해 살 것이 남아 있는 사람은 24일 오전 중에 마쳐야만 한다.

유럽 각국의 크리스마스는 조금씩 다르다. 같은 점이 있다면 크리스마스 당일인 25일이 축일이라는 것. 독일에서는 다음 날인 26일도 축일이며, '크리스마스 이틀날'을 의미하는 츠바이터 바이나하츠파이어타크(Zweiter Weihnachtsfeiertag)라고 한다.

크리스마스 시즌은 4주일 전에 시작

크리스마스 시즌은 25일, 26일만을 말하는 게 아니다. 크리스마스를 맞이하기 전의 4주간을 강림절(Advent, 혹은 대강절)이라 해서, 크리스마스를 기다리며 일수를 세는 강림절 캘린더와 일요일마다 촛불을 켜는 강림절 행사가 시작된다. 동시에 슈톨렌(→p.136)과 크리스마스 케이크를 구우면서 크리스마스를 준비한다.

동네 광장에는 일본에도 알려진 크리스마스 시장이 서고, 가족이나 친구를 방문해 글뤼바인(Glühwein: 설탕 혹은 꿀과 향료를 넣어서 데운 적포도주)을 마시기도 하고 외식을 하거나 쇼핑을 하며 즐거운 시간을 보내기도 한다. 일본에서 연하장을 보내는 것처럼 독일에서는 크리스마스 카드를 보내는 습관이 있다. 크리스마스 카드는 강림절 기간에 도착하게 보내며, 도착한 카드는 거실 난로 위 등에 장식놓고 크리스마스를 즐거운 마음으로 기다린다.

1 크리스마스 장식을 한 주방. 각 가정마다 장식이 다르다. 2 크리스마스 케이크 만들기. 쿠키는 오래 가기 때문에 옛날에는 보관식의 의미도 있었다. 강림절 시기에 여러 종류를 구워둔다.

크리스마스를 맞는 법은 제각각

크리스마스는 1년 중 가장 분위기가 들뜨는 축제로 일본의 오쇼가츠(양력 1월 1일로 한국의 설날에 해당하는 일본 최대의 명절)처럼 가족과 친척이 모이는 전통이 있다. 가족이 모여 유쾌하게 보내는 독일의 크리스마스는 부모님이 있는 본가에서 보내는 일본의 오쇼가츠와 분위기가 비슷하다. 가톨릭이나 개신교라는 종파에 따라 또는 지방이나 가정마다 크리스마스를 맞는 분위기가 다르지만 여기서 개신교 가정의 경우를 소개한다.

크리스마스까지는 주말에 크리스마스 쿠키를 굽기도 하고 선물을 준비하기도 하며 지낸다. 12월 23일 밤, 아이들이 잠든 사이에 준비해둔 크리스마스 트리를 거실에 옮겨놓고 부모가 장식을 한다. 그러고 나서 쿠키로 헨젤과 그레델의 과자집을 만든다.

다음 날인 24일, 크리스마스 이브에는 낮 미사가 있기 때문에 교회에 간다. 교회에서 돌아오면 가족 전원이 거실에 모여 크리스마스 캐롤을 부른다. 크리스마스의 꽃은 프레젠트 타임. 미리 가족 모두가 준비한 선물은 크리스마스 트리 아래에 두고 거기서 자신에게 준 선물을 찾아 포장지를 뜯으며 함께 즐긴다.

프레젠트 타임이 끝나면 크리스마스 디너가 시작된다. 메인 크리스마스 디너는 25일에 먹기 때문에 24일은 보통 때와 다름없는 전통식으로 저녁을 먹기도 한다. 최근에는 전통에 구애되지 않는 요리를 즐기는 경향도 볼 수 있다. 드디어 12월 25일. 크리스마스 당일에는 통째로 요리한 오리나 병아리, 사슴 구이에 보랏빛 양배추찜과 크누델(삶은 감자나 빵으로 만든 경단)을 곁들인 것, 껍질을 파삭파삭하게 구운 돼지고기 로스트, 정통 소시지와 포테이토 샐러드, 라크레트 또는 퐁뒤를 차려놓고 화려한 크리스마스 디너를 시작한다. 차를 마시는 시간에는 슈톨렌과 레프쿠헨, 여러 종류의 크리스마스 케이크 등 크리스마스과자를 식탁에 늘어놓고 먹는다.

독일에서는 크리스마스 트리를 다음 해 1월 6일까지 장식한다. 경건한 가톨릭 신도 가정에서는 2월 2일 성촉절(聖燭節: 요셉과 마리아가 예수 그리스도를 신전에 데리고 왔을 때의 사건을 축하하는 날)까지 두는 것이 관습이다.

3 크리스마스 트리 밑에는 선물이 놓여 있다. 보물찾기를 하듯 들뜬 마음으로 자신에게 주는 선물을 찾는다. 4 크리스마스 시장에서는 빵을 구워 파는 가게도 있다. 이곳은 막대에 빵 반죽을 감은 슈토크브로트(Stockbrot) 가게다. 5 거대한 크리스마스 피라밋. 보통은 실내에 두는 장식품이지만 이 정도로 큰 걸작품도 있다.

존넨아우프보겐

Sonnenlaufbogen

* 지역: 독일 남부
* 주요 곡물: 밀
* 발효 방법: 이스트
* 용도: 동지 무렵

재료(1개분)

밀가루550···2kg	레몬껍질 갈아놓은
버터···200g	것···적당량
설탕···200g	바닐라···적당량
달걀···200g	우유···700㎖
이스트···100g	달걀물···적당량
소금···20g	

만드는 법

1. 달걀물 이외의 재료를 잘 치댄 후(반죽 온도 25℃), 30분간 휴지시킨다.
2. 반죽을 7등분하고 각각 100g짜리 4개, 50g짜리 1개로 나눈다. 100g짜리 반죽 4개는 길이 60㎝의 막대 모양으로 늘리고, 48cm + 12cm, 42cm + 18cm, 36cm + 24cm, 31cm + 29cm로 나눈다. 50g짜리 반죽은 길이 30㎝의 막대 모양으로 늘린다.
3. 30㎝ 길이의 반죽을 팬에 놓고, 가장 긴 반죽을 반원형으로 해서 붙인다. 그런 다음 긴 것부터 짧은 것으로 반죽을 늘어놓는다.
4. 표면에 달걀물을 바른다. 발효가 3/4쯤 되면 200℃ 오븐을 열고 18분가량 굽는다.

존네(Sonne)란 태양, 라우프(Lauf)란 달리기, 보겐(Bogen)은 곡선이나 활 모양을 의미한다. 즉, 존넨아우프보겐이란 동쪽에서 떠서 서쪽으로 지는 태양의 동선을 가리킨다.

독일의 게르만 등 북방민족에게 태양은 귀중하고 신성한 존재였다. 동지 전후 몇일 동안은 태양이 거의 나오지 않는다. 동지를 향해 존넨아우프보겐은 작아져 가고 동지를 경계로 또한 조금씩 커져 간다. 그것을 나타낸 것이 이 빵이다.

이 어두운 몇일을 게르만인들은 서로를 방문하면서 축하하며 보낸다고 한다. 방문객을 맞는 집에서는 율브로트라 불리는 빵을 구워 대접했다. 율브로트는 태양과 별, 초승달 모양을 한 것으로 지금도 독일의 크리스마스 케이크에 이 모양이 사용되는 것은 이 풍습이 남아 있어서다.

이 빵은 현재 그다지 볼 수 없는 타입이지만 독일의 생활 배경을 아는 데 절호의 빵이다.

이사 빵

빵과 소금의 조합은
이사를 축하하는 선물

빵과 소금이 담긴 선물 바구니. '이사를 축하한다!'는 메시지가 붙어 있다.

이사와 관련된 음식이라 하면 일본에서는 메밀국수가 떠오르듯이 독일에도 이사할 때 먹는 음식이 있다. 바로 빵과 소금이다. 브로트 운트 잘츠라고 하는데, 그 이름 그대로 '빵과 소금'이라는 의미지만 동시에 이사할 때 선물하는 빵과 소금을 가리키기도 한다. 이 빵과 소금, 이사 메밀국수처럼 새롭게 이사 온 사람이 주위 사람에게 나누어주는 것이 아니라 이사 온 사람을 축하하는 의미로 주위 사람이 선물한다.

왜 빵과 소금일까?

독일의 이사 선물로 빵과 소금이 사용되는 이유는 명쾌하다. 빵과 소금은 둘 다 생활에 없어서는 안 되는 식량이기 때문이다.

빵은 체력의 원동력이고, 소금은 조미료인 동시에 그 방부효과가 예로부터 중요시되었다. 이 때문에 빵과 소금에는 악령, 악마와 주술, 악녀 같은 나쁜 것으로부터 지켜주는 힘이 있다고 믿었다.

빵과 소금은 역사적으로 사람과 사람의 연대나 선의, 환대의 상징으로 사용하기도 했다. 그 때문에 새로운 주거지로 이사 온 사람에게 새로운 집에 식량이 떨어지지 않고 부와 건강을 가져오도록 기원하는 마음을 담아 빵과 소금을 선물한다.

결혼식이나 세례식 때도 선물한다

그렇다고 빵과 소금을 이사 온 사람에게만 선물하는 것은 아니다. 결혼식 때 신랑신부의 관계가 더욱 돈독해지기를 바라는 마음에서 빵과 소금을 선물하기도 한다. 독일 북부에서는 신생아의 세례식 때 기저귀에 빵과 소금을 넣어주는 습관도 있다. 또한 가축우리에 빵

과 소금을 걸어두면 인간과 동물을 질병이나 전염병으로부터 막을 수 있다고 믿는 지방도 있다.

1 선물용으로 만들어진 소금을 넣은 빵. 작은 질그릇 항아리나 내열성 냄비 같은 것을 빵 반죽에 끼워 구운 다음 다 구워지면 소금을 넣는다. 소금 용기째 넣어도 좋고 소금만 넣어도 좋다. 2 '빵과 소금, 하나님은 은혜'라는 문구를 넣은 선물. 봉지에 넣어 리본으로 묶기만 해도 훌륭한 선물이 된다.
3 빵뿐만 아니라 소금에 정성을 들이는 것도 즐긴다. 왼쪽 한가운데는 허브 솔트, 오른쪽은 빵용 향신료가 들어간 스파이스 솔트 4 소금 용기도 다양한 모양이 있다. 병에 들어 있는 타입은 보관의 용이성과 특별한 감이 느껴진다.

빵에 얽힌 격언

**빵의 나라 독일에는
빵과 관련된 격언이 많다**

예로부터 전해지는 격언으로부터 국제적인 명배우의 발언까지 독일에는 빵에 얽힌 격언이 많다. 함축된 의미가 있는 것으로부터 위트를 느낄 수 있는 것까지 다양한데, 공통된 것은 독일 빵을 칭찬하는 내용이 대부분이다. 역시 빵의 나라 독일에서만 볼 수 있는 자신감과 자부심이 느껴진다.

"오래된 빵이 팍팍한 것이 아니다.
빵이 없는 삶이 팍팍하다!"

옛 독일의 격언

"파리에 없어 아쉬운 것 한 가지.
독일 빵!"

로미 슈나이더 /Romy Schneider
(여배우 1938~1982년)

"집에 빵이 떨어지면 평화도
사라진다."

독일의 격언

"나무랑 독일 요리랑 독일 빵이
있다면 좋았을 텐데."

슈테피 그라프 /Steffi Graf(미국에 거주하는
전 테니스 선수) 2007년 〈슈테른〉지 인터뷰에서

"빵이 없을 때 진짜 빵맛을
알게 된다."

독일 속담

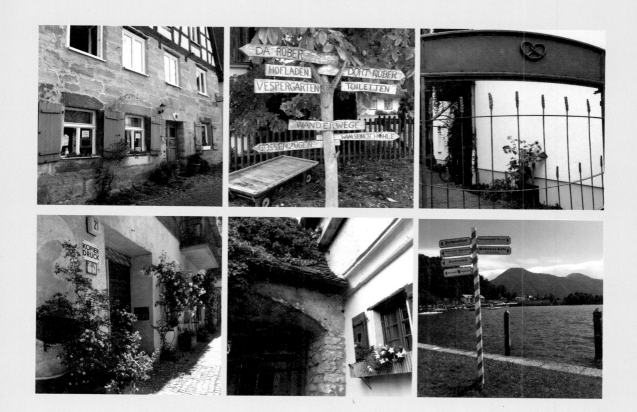

"사람들은 프랑스 사람이 가장 맛있는 빵을 굽는다고 생각한다. 하지만 그건 프랑스 사람이 아니라 독일 사람이다."

자레드 레토 /Jared Leto(미국이 록밴드 30 Seconds to Mars의 리더) 2013년 독일, 뉘른베르크 야외음악 페스티벌 Rock am Ring에서 팬과 언론 관계자에게 한 말이다.

"빵 냄새는 모든 향기 중에서 최고다. 삶의 냄새이며 조화의 냄새이며 평화와 고향의 냄새이다."

야로슬라프 사이페르트/Jaroslav Seifert (노벨문학상 수상작가 1901~1986년)

"누구나 안다. 세계 어디에도 독일 빵처럼 맛있는 빵은 없다!"

세바스틴 페텔(F1 세계챔피언). 2013년 〈슈테른〉지 인터뷰에서

"자연에 대한 겸허한 자세가 좋은 빵을 굽는 첫걸음이다."

루츠 가이슬러 (독일에서도 가장 인기 있는 빵 블로거)

과자 빵

Feine Backwaren

* * *

중량에 대해 유지나 설탕 등 당분은 10% 이하로 규정되어 있는 것이 대형 빵과 소형 빵이다. 반대로 10%를 넘는 것이 과자 빵류이다. 과자 빵은 당연히 달콤하고 고급스런 빵이 많다. 영어의 케이크에 해당하는, 독일어로 쿠헨이란 이름이 붙은 것도 과자 빵에 속한다. 생크림이나 신선한 과일을 장식한 타입은 포함되지 않는다. 일본의 구운 과자에 가깝다. 오븐에 구운 것뿐만 아니라 도넛 비슷하게 튀긴 타입도 있다.

헤페쵸프

Hefezopf

* 지역: 독일 각지
* 주요 곡물: 밀
* 발효 방법: 이스트
* 용도: 일요일 오후의 커피 타임, 간식

재료(1개분)

중종[※1]
밀가루550···450g
우유(지방분 3.5%)···210g
생이스트···15g
소금···10g
버터···100g
설탕···50g
아니스(가루)···소량
레몬껍질 갈아놓은 것···1/2개분
오렌지 껍질 갈아놓은 것···(소)1개분
달걀물···1개분

※1 중종

스펠트 밀가루1050···80g
물···80g
생이스트···0.1g

만드는 법

1 중종의 재료를 섞은 다음, 약 20℃에서 18시간 발효시킨다.

2 버터와 설탕, 달걀 이외의 재료를 합쳐, 가장 느린 속도로 3분, 그보다 빠른 속도로 10분간 이겨, 탄력이 있는 반죽을 만든다. 버터를 잘라 넣어 5분간 반죽한다. 설탕을 넣어 5분간 반죽한다. 볼에 달라붙지 않을 정도의 매끄러운 반죽이 좋다(반죽 온도 26℃).

3 24℃에서 2시간 발효시킨다. 1시간 후에 가스를 빼준다.

4 반죽을 맘에 드는 꼬기 방식에 따라 3~4등분으로 나누고 둥글려 가늘고 길게 만든다. 커버를 씌워 15분 정도 휴지시킨다.

5 반죽을 길이 50cm로 늘린 다음, 가루(분량 외)를 뿌린 작업대 위에서 반죽을 땋아준다.

6 여분의 가루를 털어내고 달걀물을 바른다.

7 24℃에서 90~100분, 2배 정도의 크기로 부풀어 오를 때까지 발효시킨다.

8 재차 달걀물을 바른 다음, 230℃ 오븐에 넣고 온도를 180℃로 내린다. 40분 정도 스팀을 주입하지 않고 굽는다.

Tip

아니스나 과일 껍질은 필수는 아니지만 넣으면 향과 풍미를 높일 수 있다.

독일의 대표적인 과자 빵. 이스트를 사용해 굽는 빵으로 부드러운 식감을 좋아하는 일본인이 가장 접근하기 쉬운 타입이다.

헤페쵸프의 헤페(hefe)는 이스트, 쵸프(Zopf)는 세 갈래로 땋아 늘어뜨린 머리라는 의미로, 사진을 보면 알 수 있는 것처럼 반죽을 꼬아 만든 빵을 말한다. 반죽을 꼬는 방법은 몇 가지가 있다. 2갈래, 3갈래, 4갈래, 5갈래로 꼬아가는데, 꼬아가는 방향에 따라 다른 모양이 생긴다. 꼰 반죽을 다시 비틀거나 고리로 만들거나 둥글려서 입체적인 모양을 만들기도 한다. 꼬아 노릇하게 구운 모양은 보기에 좋아 먹기 아까울 정도다.

이렇게 꼬아놓은 빵을 통틀어 '꼬아+구운 것=플렐히트게베크'라 부르기도 한다. 다음 페이지부터는 다양하게 꼬아놓은 빵을 소개한다. 그러나 이것이 전부가 아니다. 꼬아가는 방법이나 디자인에 따라 그 종류는 무한히 넓어진다. 독일에는 예쁘게 꼬아가는 방법을 소개하는 웹사이트와 책도 있다.

헤페쵸프는 슬라이스해서 그냥 먹어도 좋고 버터나 잼을 발라 먹어도 좋다. 일요일의 브런치나 커피타임 때 먹기에도 좋지만 이 외에도 꼰 후에 왕관처럼 둥글게 구운 것을 부활절 축제 때 먹기도 한다.

독일어권에 사는 유대인들도 이 빵과 비슷한 꼬아놓은 빵을 먹는다. 이 빵을 할라(Challah, 찰라)라고 부르는데, 헤페쵸프와 다른 점은 버터, 우유, 설탕을 사용하지 않는다는 것. 할라는 고기와 함께 먹기 때문에 맛이 심플하다.

할라는 안식일이나 축제 때도 먹는데, 습관이나 목적에 따라 레시피나 꼬는 회수가 다르다. 안식일용으로는 참깨나 양귀비씨를 뿌린 것을 주로 먹고, 신년에는 건포도를 넣은 것을 벌꿀을 발라 먹는다.

부터쵸프
Butterzopf

＊지역: 독일 남부, 오스트리아, 스위스
＊주요 곡물: 밀
＊발효 방법: 이스트
＊용도: 조식 빵, 간식

재료(1개분)

중종※1	※1 중종
메르코호슈토크※2	밀가루550···150g
밀가루550···250g	우유(지방분 3.5%)
스펠트 밀가루630	···100g
···50g	생이스트···1.5g
생이스트···8g	※2 메르코호슈토크
설탕···5g	밀가루550···50g
버터···60g	우유···200g
달걀물···1개분	소금···8g

헤페쵸프 변형

만드는 법

1 중종의 재료를 섞은 다음, 16℃에서 16시간 발효시킨다.
2 메르쵸호슈토크를 만든다. 재료를 섞으면서 65℃가 될 때까지 끓인다. 걸쭉한 느낌이 되면 불을 끄고 2분 정도 젓는다. 식으면 냉장고에 4시간 이상 넣어둔다.
3 버터와 달걀 이외의 재료를 합쳐, 가장 느린 속도로 6분, 그보다 빠른 속도로 2분 반죽한다. 버터를 잘라 넣어 같은 속도로 3분 반죽한다.
4 20℃에서 2시간 발효시킨다. 60분 후, 90분 후에 가스를 빼준다.
5 반죽을 3등분한 다음, 가늘고 길게 늘려 세 가닥으로 땋아준다.
6 달걀물을 바른 다음, 8℃ 냉장고에서 12시간 발효시킨다.
7 재차 달걀물을 바른 다음 180℃ 오븐에 넣어 30분간 굽는다.

Tip
반죽을 2등분해서 구워도 좋다.

헤페쵸프(→p.152)는 단맛이 나는 반죽으로 만들지만 부터쵸프는 설탕을 넣지 않는 타입이다. 우유와 버터가 들어 있어 그런대로 오래 간다. 독일에서는 부터쵸프라 하지만 스위스에서는 쵸프(Zopf)라고 하는 일이 많다.

글루텐이 많은 밀가루를 사용하는데, 꼴 때 반죽을 늘리거나 당기기 때문에 부풀어 오른 부분의 반죽은 섬유처럼 보이는 것이 좋다. 4가닥으로 꼬는 경우가 많은데, 2가닥, 3가닥인 것보다 입체감이 생겨 훨씬 보기에 좋다.

독일에서는 일요일에 밀가루빵을 먹기도 하지만, 이 부터쵸프도 일요일의 아침 식사에 등장하는 빵의 하나다. 버터를 바르거나 잼이나 벌꿀을 뿌려 먹는 일이 많다.

헤페쵸프 변형

로지넨쵸프
Rosinenzopf

*지역: 주로 독일 남부, 오스트리아, 스위스
*주요 곡물: 밀 　　　　　*발효 방법: 이스트
*용도: 일요일 오후의 커피 타임, 간식

재료(8개분)

중종※1
밀가루550…450g
우유(지방분 3.5%)…210g
생이스트…15g
소금…10g
버터…100g
설탕…50g
아니스(가루)…소량
레몬 껍질 갈아놓은 것
　…1/2개분
오렌지 껍질 갈아놓은 것
　…(소)1개분

건포도(물이나 럼주, 사과
　주스 등에 24시간 담가
　둔 것. 사용하기 전에 물
　기를 확실히 뺀다)…적
　당량
달걀물…1개분
설탕, 견과류…적당량

※1 중종
스펠트 밀가루1050…80g
물…80g
생이스트…0.1g

만드는 법

1 중종의 재료를 고루 섞은 다음, 약 20℃에서 18시간 발효
　시킨다.
2 버터와 설탕, 달걀 이외의 재료를, 가장 느린 속도로 3분,
　그보다 빠른 속도로 10분간 이겨 탄력이 있는 반죽을 만
　든다. 버터를 잘라 넣어 5분간 반죽한다. 설탕을 넣고 5분
　간 반죽한다. 건포도를 넣어 1분간 반죽한다. 매끄럽고 볼
　에 달라붙지 않을 정도의 반죽이 좋다(반죽 온도 26℃).
3 24℃에서 2시간 발효시킨다. 1시간 후에 가스를 빼준다.
4 반죽을 8개로 분할한다(1개 약 125g). 둥글려 가늘고 길게
　늘린다. 커버를 씌워 10분간 휴지시킨다.
5 길이 약 30㎝로 늘린 다음, 가루(분량 외)를 뿌린 작업대
　에서 반죽을 꼬아준다.
6 여분의 가루를 털어내고 달걀물을 바른다.
7 24℃에서 90~100분, 2배 정도의 크기로 부풀어 오를 때
　까지 발효시킨다.
8 재차 달걀물을 바르고 설탕이나 견과류를 뿌린 후, 230℃
　오븐에 넣는다. 온도를 180℃로 내려 20분 정도 스팀을
　주입하지 않고 굽는다.

헤페쵸프(→p.152)에 건포도를 넣은 것이다. 건
포도는 그냥 넣어도 좋지만 럼주에 담가둔 것
을 사용하면 향기가 좋다. 바닐라에센스를 넣어도 풍

미가 좋아진다.
　슬라이스해서 버터를 발라 먹으면 맛있다.

몬쵸프

Mohnzopf

*지역: 주로 독일 남부, 오스트리아, 스위스
*주요 곡물: 밀　　*발효 방법: 이스트
*사용도: 일요일 오후의 커피 타임, 간식

재료(1개분)

중종*1
밀가루550···450g
우유(지방분 3.5%)···210g
생이스트···15g
소금···10g
버터···100g
설탕···50g
아니스(가루)···소량
레몬 껍질 갈아놓은 것
　　···1/2개분
몬의 필링*2
달걀물···1개분

※1 중종
스펠트 밀가루1050···80g
물···80g
생이스트···0.1g

※2 몬의 필링
양귀비씨(빻은 것)
　　···100g
우유···90㎖
설탕···50g
버터···25g
달걀···1개

만드는 법

1 중종의 재료를 고루 섞은 다음, 약 20℃에서 18시간 발효
　시킨다.
2 양귀비씨 소를 만든다. 우유를 불에 올려 버터를 녹이고
　양귀비씨와 설탕을 넣어 섞는다. 식으면 달걀을 넣고 잘
　섞는다.
3 버터와 설탕, 달걀 이외의 재료를, 가장 느린 속도로 3분,
　그보다 한 단계 빠른 속도로 10분 이겨, 탄력이 있는 반죽
　을 만든다. 버터를 잘라 넣어 5분 반죽한다. 설탕을 넣고
　5분 반죽한다. 매끄럽고 볼에 달라붙지 않을 정도의 반죽
　이 좋다(반죽 온도 26℃).
4 24℃에서 2시간 발효시킨다. 1시간 후에 가스를 빼준다.
5 반죽을 직사각형으로 늘린 다음, 양귀비씨 소를 고루 바른
　다. 긴 쪽 끝에서부터 말아간다. 나이프로 세로로 3등분(2
　등분해도 좋다)해 자른 면이 보이게 꼰다.
6 길이 약 30㎝로 늘린 다음, 가루(분량 외)를 뿌린 작업대
　에서 반죽을 꼬아준다.
7 여분의 가루를 털어내고 달걀물을 바른다.
8 24℃에서 90분 정도, 2배 정도의 크기로 부풀어 오를 때
　까지 발효시킨다 .
9 재차 달걀물을 바른다. 230℃ 오븐에 넣고 180℃로 내려
　40분가량 굽는다.

Tip

다 구워졌을 때 살구잼을 물에 풀어 바르면 윤기가 생긴다.
아이싱을 뿌려도 좋다.

 이란 양귀비씨를 말한다. 양귀비씨 페이스트
를 소로 해서 넣은 쵸프가 이것이다. 잘랐을
때 단면에 나타나는 빵 반죽의 흰색과 몬의 검정색이
멋진 대비를 이루는 빵이다.

가이게
Geige

＊지역: 독일 남부
＊주요 곡물: 밀
＊발효 방법: 이스트
＊용도: 조식 빵, 일요일 오후의 커피 타임

헤페쵸프 변형

재료(1개분)

중종*¹	레몬 껍질 갈아놓은
밀가루550···450g	것···1/2개분
우유(지방분 3.5%)	달걀물···1개분
···210g	
생이스트···15g	**※1 중종**
소금···10g	스펠트 밀가루1050
버터···100g	···80g
설탕···50g	물···80g
아니스(가루)···소량	생이스트···0.1g

만드는 법

1 중종의 재료를 고루 섞은 다음, 약 20℃에서 18시간 발효시킨다.

2 버터와 설탕, 달걀 이외의 재료를, 가장 느린 속도로 3분, 그보다 빠른 속도로 10분간 이겨, 탄력이 있는 반죽을 만든다. 버터를 잘라 넣어 5분간 반죽한다. 설탕을 넣고 5분간 반죽한다. 매끄럽고 볼에 달라붙지 않을 정도의 반죽이 좋다(반죽 온도 26℃).

3 24℃에서 2시간 발효시킨다. 1시간 후에 가스를 빼준다.

4 반죽을 8등분한다(1개 약 125g). 둥글려 가늘고 길게 늘린다. 커버를 씌워 10분가량 휴지시킨다.

5 길이 약 30cm로 늘린 다음, 가루(분량 외)를 뿌린 작업대에서 반죽을 세 가닥으로 꼬아준다. 한가운데 부분은 꼬지 않고 완만한 커브를 만든다.

6 여분의 가루를 털어내고 달걀물을 바른다.

7 24℃에서 90분 정도, 2배 정도의 크기로 부풀어 오를 때까지 발효시킨다 .

8 재차 달걀물을 바른 다음, 230℃ 오븐에 넣고 180℃로 내린다. 스팀을 주입하지 않고 20분가량 굽는다.

가 이게는 바이올린을 말한다. 헤페쵸프(→ p.152)를 약간 변형하면 이런 모양이 된다. 이 빵에 바이올린이라는 이름을 붙인 것은 음악대국 독일다운 발상이다.

일부러 이런 식으로 만든 것일까? 즐기려는 마음으로 만들다가 우연히 이런 모양이 된 걸까? 규칙적인 패턴 속에 불규칙적인 부분이 있으면 더 재미있다.

일요일 오후의 커피타임에는 여느 때의 쵸프 대신 이런 모양은 어떨까? 손님을 초대했을 때 화젯거리가 될 수 있을 것이다.

포름게베크, 헤페타이크게베크
Formgebäck, Hefeteiggebäck

* 지역: 독일 각지
* 주요 곡물: 밀
* 발효 방법: 이스트
* 사용도: 조식 빵, 간식

재료(30개분)

밀가루550···2kg
버터···200g
설탕···200g
이스트···100g
소금···20g
레몬 껍질 갈아놓은 것···1/2개분
바닐라···적당량
우유···700㎖
달걀물···적당량

만드는 법

1 달걀물 이외의 재료를 잘 반죽한 다음(반죽 온도 25℃), 30분간 휴지시킨다.
2 반죽을 30개로 나누고 다음과 같이 성형한다.
   1. 도펠슈네케: 반죽을 길이 30cm 되는 막대 모양으로 늘린다. 한쪽 끝은 안쪽, 다른 한쪽은 바깥쪽으로 구부린다.
   2. 츠비커: 반죽을 길이 30cm 되는 막대 모양으로 늘린다. 한가운데를 구부려 양끝을 위로 향하게 둥글린다.
   3. 코르켄치어: 반죽을 길이 30cm 되는 막대 모양으로 늘린다. 양끝은 가늘게 한다. 양끝을 합쳐 3~4번 비틀고 끝을 뾰족하게 만든다.
   4. 크로이츠게베크: 반죽을 길이 20cm 되는 막대 모양으로 늘린다. 2개를 십자로 붙이고 4개의 끝을 오른쪽으로 약간 둥글린다.
   5. 슐랑게: 반죽을 길이 30cm 되는 막대 모양으로 늘린다. 양끝을 가늘게 해서 뱀이 기어가는 모양으로 성형한다.
   6. 브릴레: 반죽을 길이 30cm 되는 막대 모양으로 늘린다. 양끝을 한가운데로 향하게 둥글려 중앙에서 만나게 한다.
   7. 슐라우펜: 반죽을 길이 30cm 되는 막대 모양으로 늘린다. 양끝을 약간 둥글려 교차시킨다.
3 발효 절반 시점에서 달걀물을 바르고, 발효가 3/4쯤 되면 200℃ 오븐을 열고 18분가량 굽는다.

Tip

4. 크로이츠게베크는 원래 태양신(기독교가 전해지기 전의 민간신앙)이 타는 차륜이 모티브가 되었다고 한다. 기독교가 보급되고 나서 십자가의 상징이 되었다.

포 름게베크(Formgebäck)란 형태가 만들어진 빵, 과자라는 의미이며, 헤페타이크게베크(Hefeteiggebäck)란 이스트 반죽 빵, 과자라는 의미이다.

사진의 빵을 보면 알 수 있는 것처럼 포름게베크, 헤페타이크게베크에는 여러 가지 모양이 있다. 특정 물체를 본뜬 것과 그렇지 않은 것, 유래가 있는 것과 없는 것 등 무수하게 많다. 옛날 제빵사가 자신의 솜씨를 뽐내기 위해 만든 것인지, 재미있는 모양으로 고객의 마음을 끌려는 것이었는지, 아니면 반죽을 이기는 사이에 자연스레 생긴 모양인지는 알 수 없다.

이름과 모양을 보면 정말 그럴 듯하다. 예를 들어 5의 뱀은 동지의 상징이다. 북유럽을 가로지르는 북위 60도 주위에서 태양의 움직임을 보면 동지를 경계로 태양이 소용돌이 모양의 동선을 만든다. 이 태양의 움직임에서 뱀이 몸을 서리는 모습을 연상할 수 있다. 뱀은 허물을 벗고 다시 태어난다. 이것은 동지에 태양이 거의 사라지고(죽고) 그 후 다시 조금씩 보이는(태어나는) 모습과 비슷하다. 이 모습을 빵 모양에 나타낸 것인지도 모른다.

1. 도펠슈네케: 더블, 2개의 달팽이(소용돌이)를 의미.
2. 츠비커: 코끝에 걸려 있는 안경.
3. 코르켄치어: 코르크 마개뽑이.
4. 크로이츠게베크: 십자(크로이츠) 빵, 과자.
5. 슐랑게: 뱀
6. 브릴레: 안경
7. 슐라우펜: 매듭, 물림쇠 같은 것.

프란츠브뢰첸
Franzbrötchen

* 지역: 주로 독일 북 함부르크
* 주요 곡물: 밀
* 발효 방법: 이스트
* 용도: 간식, 스낵

재료(5개분)

밀 사워도[※1]
중종[※2]
밀가루550···190g
우유···75㎖
생이스트···4g
버터···40g
소금···약간
달걀노른자···1개분
베이킹 몰트···1/2작은술
녹인 버터···적당량
시나몬 슈거···적당량

※1 밀 사워도
밀가루1050···30g
우유···30g
초종···5g
※2 중종
밀가루1050···30g
우유···30g
물···80g
생이스트···0.5g

만드는 법

1 밀 사워도와 중종의 재료를 각각 섞은 다음, 상온에서 16~20시간 발효시킨다.
2 버터 이외의 재료를 5분가량 천천히 반죽한다. 버터를 잘라 넣고 6~8분 이겨, 신축성 있는 반죽을 만든다.
3 냉장고에서 30분간 휴지시킨다.
4 20×30cm의 직사각형으로 늘린 다음, 녹인 버터를 바른다. 그 위에 시나몬 슈거를 뿌린다.
5 짧은 쪽에서부터 말아 두께 약 4cm로 슬라이스한다. 0.5cm 폭 막대를 사용해 자른면에 평행으로 반죽을 밀어 넣는다. 좌우로 좀 움직여 롤 면이 사이드에서 나오도록 조정한다.
6 200℃ 오븐에서 20분가량 굽는다.

독일 풍 파이 반죽, 또는 이스트 발효 반죽으로 만드는 과자 빵으로, 독일 북부 함부르크에서 많이 먹는다.

시나몬롤 비슷한 반죽을 만들어 돌돌 말아 4cm 정도의 두께로 자르고 주걱 손잡이 등으로 가운데를 누르면 양끝부터 말아놓은 반죽이 비어져 나와 나선형 모양이 된다. 이렇게 해서 구우면 이 같은 나선형 모양이 예쁘게 완성된다.

이름의 유래는 확실하지 않지만 프랑스에서 전해진 크루아상을 참고했다는 설이 있다. 층이 몇 겹으로 겹친 모양이 크루아상과 비슷한 점이 없지는 않다. 파이 반죽도 나폴레옹 군이 함부르크에 체류했던 1806~1814년 사이에 알려졌다고 한다.

이 외에도 원래 함부르크에 길쭉한 모양의 프란츠브로트라는 바게트 비슷한 빵이 있었는데 이것을 어느 빵집에서 잘라 기름에 튀긴 것이 오늘날의 프란츠브뢰첸이 되었다는 설도 있다.

독일 함부르크에 있는 프란츠브뢰첸 전문점

여러 종류의 프란츠브뢰첸이 진열되어 있다.

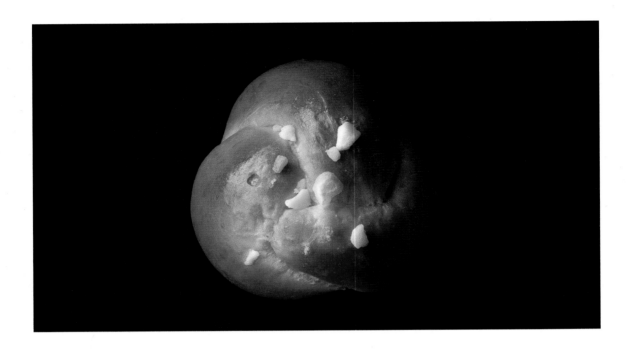

크노텐

Knoten

* 지역: 독일 각지　　 * 주요 곡물: 밀
* 발효 방법: 이스트　　 * 용도: 조식 빵, 간식, 스낵

재료(10개분)

중종[1]　　　　　　　　 ···적당량
메르코호슈토크[2]
밀가루550···250g　　 **※1 밀 사워도**
스펠트 밀가루630···50g　 밀가루550···150g
생이스트···8g　　　　 우유(지방율 3.5%)···100g
설탕···5g　　　　　　 생이스트···1.5g
버터···60g　　　　　　 **※2 메르코호슈토크**
달걀물···1개분　　　　 밀가루550···150g
동글동글한 설탕(우박설탕)　 우유···100g
　　　　　　　　　　 소금···8g

만드는 법

1. 중종의 재료를 섞은 다음, 16℃에서 16시간 발효시킨다.
2. 메르코호슈토크를 만든다. 재료를 섞으면서 65℃가 될 때까지 끓인다. 걸쭉한 느낌이 되면 불을 끄고 1~2분가량 젓는다. 식으면 냉장고에 4시간 이상 넣어둔다.
3. 버터와 달걀, 둥근 설탕 이외의 재료를, 가장 느린 속도로 6분, 그보다 빠른 속도로 2분간 반죽한다. 버터를 잘라 넣어 같은 속도로 3분간 반죽한다.
4. 20℃에서 2시간 발효시킨다. 60분 후, 90분 후에 가스를 빼준다.
5. 반죽을 10개로 나누고 길이 약 30cm의 막대 모양으로 늘린다. 한쪽 끝을 중앙으로 가지고 와서 고리를 만들고, 반대쪽에서 구멍을 통해 끝부분을 꺼낸다. 뒤집어 다른 한쪽 끝을 고리 맞은편에 가지고 간다. 모양을 잡는다.
6. 달걀물을 바르고 8℃ 냉장고에서 12시간 발효시킨다.
7. 재차 달걀물을 바른 다음, 180℃ 오븐에 넣어 40분간 굽는다.
8. 얼음설탕을 뿌린다.

왼쪽에서 오른쪽으로 순서대로 꼰다.

코 노텐(Knoten)은 매듭이라는 뜻으로, 영어로는 노트(knot)이다. 매듭 만드는 법은 여러 가지가 있는데 이 빵을 만드는 법도 다양하다.

가장 심플한 것은 한 가닥으로 만드는 것으로 반죽을 가늘게 늘려 가운데에 고리를 만들고 고리 안에 두 가닥 끝을 각기 반대 방향으로 넣는다. 이 외에도 한 가닥으로 만들기도 하고, 2가닥, 4가닥, 6가닥, 10가닥으로 만들기도 한다. 가닥수가 늘어날수록 꼬는 법도 복잡해지지만 그만큼 보기에는 좋다.

이 빵은 심플한 반죽으로 만들었지만 좋아하는 재료를 반죽에 섞거나 표면에 토핑으로 올려 다른 방법으로 만들 수도 있다. 맛은 달콤하게 만들어도 좋고 허브나 소금을 사용해보는 것도 좋다.

독일 배의 밧줄 매듭

로지넨크노텐
Rosinenknoten

* 지역: 독일 각지
* 발효 방법: 이스트
* 주요 곡물: 밀
* 용도: 식사 빵, 간식

재료(20개분)

중종※1

밀가루550…380g
설탕…100g
소금…12g
달걀노른자…2개분
버터…145g
우유…40㎖
바닐라…적당량
레몬 껍질 갈아놓은 것
　…적당량

건포도…200g
녹인 버터…적당량
얼음설탕…적당량

※1 중종

밀가루550…380g
생이스트…35g
따뜻한 우유…230㎖

Tip

건포도는 전날 물에 불려 물기를 빼둔다.

만드는 법

1 중종의 재료를 섞은 다음, 실온에서 1시간 정도 발효시킨다.

2 녹인 버터에 얼음설탕 이외의 재료를 섞어, 천천히 3분, 빠르게 5분간 반죽한다(반죽 온도 25℃ 이하로).

3 건포도를 반죽에 넣고 30분간 그대로 둔다. 커버를 씌워 30분가량 발효시킨다.

4 반죽을 20개로 나눠 성형한다. 커버를 씌워 30분가량 발효시킨다.

5 표면에 우유(분량 외)를 바르고 160℃ 오븐에서 15~18분가량 굽는다. 녹인 버터를 바르고 얼음설탕을 뿌린다.

4번 반죽 성형법

1 반죽을 2개로 나누고, 십자로 겹친다.

2 세로 반죽을 가로 반죽과 겹친 곳에서 교차시킨다.

3 ①과 ②를 교차시키고, ②와 ④를 교차시키고, ①과 ④를 교차시킨다.

4 ②와 ③을 교차시킨다.

5 ①과 ③을 교차시키고 반죽의 끝을 붙인다.

6 꼰 끝부분을 안으로 해서 둥글려 전체 모양을 잡는다.

로지넨(Rosinen)은 건포도, 즉 건포도빵을 말한다. 우유와 설탕이 들어간 밀가루 반죽에 건포도를 듬뿍 뿌려 어느 부분을 먹어도 건포도의 새콤달콤한 맛이 입안에 퍼진다. 어른이나 아이나 할 것 없이 좋아하는 빵이다. 이 로지넨크노텐에는 오스트프리지셰·로지넨크노텐브뢰첸이라는 변형 빵이 있다. 이 빵은 독일 북부 동프리슬란트에서 먹는다. 레몬 껍질과 카르다몸이 들어가는데, 현지 명물인 홍차와 먹으면 더욱 깊은 맛을 느낄 수 있다.

플룬더브레첼
Plunderbrezel

* 지역: 독일 각지
* 주요 곡물: 밀
* 발효 방법: 이스트
* 용도: 간식

재료(20개분)

밀가루405···500g	카스타드 크림
우유···375㎖	···적당량
설탕···4큰술	달걀노른자···1개분
생이스트···30g	아몬드 다이스
버터···220g	···적당량

만드는 법

1 우유 2큰술과 설탕 1작은술을 합쳐 데운다. 이스트를 녹인 다음 5분 그대로 둔다.

2 볼에 밀가루를 넣고 한가운데를 움푹 들어가게 만든다. 여기에 1을 붓고 밀가루를 그 위에 가볍게 뿌린다. 커버를 씌워 따뜻한 곳에서 20분가량 발효시킨다.

3 2에 버터 4큰술과 나머지의 설탕, 소금, 나머지 우유를 넣고 달라붙지 않을 정도의 매끄러운 반죽을 만든다. 커버를 씌워 15분가량 발효시킨다. 10분 정도 식힌다.

4 나머지 버터를 부드럽게 해놓는다. 작업대에 밀가루(분량 외)를 뿌린다.

5 반죽을 얇게 사각형으로 늘린다. 4의 버터 1/5의 양을 바르고 접어 20분 식힌다. 이것을 5회 반복한다.

6 반죽을 20등분해서 길이 40㎝로 늘린다. 카스타드 크림을 바른 다음 비틀어 프레첼을 만든다. 달걀노른자를 바르고 아몬드 다이스(잘게 쪼갠 형태)를 뿌린다.

7 180℃ 오븐에서 15분가량 굽는다.

브레첼(→p.84)은 반죽을 달리해 여러 변형을 만들 수 있다. 플룬더(Plunder)란 영어의 푸딩(pudding)으로 독일에서는 크림 상태의 디저트를 가리킨다. 독일인이 좋아하는 디저트의 하나로 과자뿐 아니라 빵에도 이렇게 사용한다.

플룬더브레첼이라 하면 반죽 가운데 뚫린 구멍에 플룬더를 부어넣어 굽는 것이지만, 여기서 소개하는 것은 반죽에 플룬더를 넣은 타입이다.

플룬더브레첼의 식감이나 맛은 데니쉬 반죽에 카스타드 크림을 넣은 느낌을 상상하면 될 듯하다. 진한 달콤함이 느껴지는 맛있는 빵이다. 만들 때는 살구잼으로 윤기를 내도 좋고 으깬 아몬드를 토핑으로 사용해도 좋다.

반죽의 구멍에 플푼더를 부어넣고 구운 플푼더브레첼. 독일 빵집에서 흔히 볼 수 있다.

브흐텔른
Buchteln

＊지역: 독일 남부 바이에른, 팔츠 지방, 오스트리아
＊주요 곡물: 밀
＊발효 방법: 이스트, 사워도
＊용도: 간식, 커피 타임, 디저트

재료(1개분)

밀가루550…500g	생이스트…1개분
설탕…75g	바닐라…적당량
소금…약간	생 자두, 자두나
버터…1개	살구잼 등…적당량
우유	
…250㎖+100㎖	

만드는 법

1 밀가루, 설탕, 소금, 바닐라, 버터 100g, 달 걀을 합쳐 섞는다.
2 우유 250㎖를 살짝 데우고, 생이스트를 넣 어 녹인다. 1에 붓고 매끄러운 반죽이 될 때까지 잘 치댄다. 실온에서 30분가량 발 효시킨다.
3 밀가루(분량 외)를 뿌린 작업대에 올려놓고, 길이 30cm의 막대 모양으로 늘린다. 12개 로 나눈 다음, 각각 건자두와 잼을 넣고 싼 다.
4 틀에 나란히 넣고 실온에서 20분가량 발효 시킨다.
5 우유 100㎖과 버터 25g을 합쳐 데운 다음, 반죽에 뿌린다.
6 200℃ 오븐에서 35~40분가량 굽는다.

Tip
마무리로 둥근 설탕을 뿌려도 좋다. 바닐라 소 스로 먹어도 맛있다.

브흐텔른은 원래 보헤미아 지방에서 먹던 빵이 었으나 주변의 오스트리아와 작센, 바이에른, 슈바벤에 퍼져 나갔다. 발효한 반죽 안에 과일 등을 넣고 틀에 붙여 굽는 과자 빵이다.

브흐텔른 안에 채우는 속재료는 지방마다 다르다. 보헤미아나 오스트리아에서는 프룬 페이스트, 양귀비 씨, 살구잼을 많이 쓰지만, 바이에른에서는 프룬 페 이스트, 서양자두, 건포도를 사용한다. 부드럽게 부

풀어 탄력이 있는 반죽에는 새콤한 프룬이나 살구잼 이 잘 어울린다. 브흐텔른에 따뜻한 바닐라 소스를 뿌려 먹기도 하는데, 추운 겨울에 제격이다.

브흐텔른이라는 이름의 유래는 체코어 buchta에 서 비롯되었다. 이와 비슷한 발음이 나는 Wuchteln 이라 쓰기도 하고, 오펜누델른, 로누델른이라고도 부 른다. 달콤한 빵이지만 반죽에 설탕을 넣지 않고 만 들어 사워크라우트와 함께 먹는 지역도 있다.

베를린 풍 판쿠헨
Berliner Pfannkuchen

＊지역: 독일 전역
＊주요 곡물: 밀
＊발효 방법: 이스트
＊용도: 식사 빵, 간식

재료(25~26개분)

밀가루550…900g
우유…250㎖
생이스트…63g
설탕…100g+1~2큰술
녹인 버터…100g
바닐라…적당량
레몬 껍질 갈아놓은 것…1큰술
달걀…3개
달걀노른자…3개분
사워크림(실온)…1컵
소금…약간
식용유…적당량
잼…적당량
슈거파우더…적당량

만드는 법

1 우유를 데운다. 여기에 이스트와 설탕 1~2큰술을 넣어 녹인 다음, 10~12분가량 발효시킨다.
2 볼에 밀가루를 넣고, 녹인 버터, 설탕, 바닐라, 레몬 껍질 갈아놓은 것, 달걀, 달걀 노른자, 사워크림, 소금, 1을 합친 다음, 매끄러운 반죽이 될 때까지 잘 치댄다. 커버를 씌워 2배 정도로 부풀어 오를 때까지 실온에서 발효시킨다.
3 밀가루(분량 외)를 뿌린 작업대에서 잘 치댄 다음, 25~26개로 나눠 둥글린다. 커버를 씌워 10분 정도 발효시킨다.
4 식용유를 넣고 180℃에서 노릇노릇한 갈색이 될 때까지 튀긴다.
5 무르게 만든 잼을 짤주머니에 넣고, 튀겨진 빵 옆에 꽂아 잼을 채워 넣는다. 슈거파우더를 뿌린다.

베를린 풍 판쿠헨을 직역하면 베를린 팬케이크다. 팬케이크라 해도 독일에서는 일본인이 일반적으로 상상하는 팬케이크만을 가리키는 것은 아니다. 프라이팬에 평평하게 굽는 타입을 가리키는 경우가 있는가 하면 이 베를린 풍 판쿠헨처럼 도넛에 가깝게 튀긴 빵을 가리키는 경우도 있다.

기름에 튀긴 빵과 과자가 독일 북부에는 16세기에 이미 있었다. 이것이 19세기 후반, 수도 베를린이 경제도시로 발전하면서 전국적으로 퍼져나갔다. 당시 놀라운 판매실적을 기록하던 헨리에테 다우디스의 요리책에 베를린 풍 판쿠헨의 레시피가 게재됐던 점도 전국적으로 알려지는 데 한몫했다.

베를린 풍 판쿠헨은 구멍이 뚫려 있지 않은 둥근 도넛 모양으로 안에 소를 넣는다. 소는 지방이나 시기에 따라 다르다. 크게 나눠 북부에서는 라즈베리나 체리 등 붉은 과일잼을 넣는 경우가 많고, 남부나 오스트리아에서는 살구잼을 많이 넣는다. 동부에서는 프룬 페이스트를, 슈바벤이나 프랑켄에서는 로즈힙 페이스트를 넣기도 한다.

최근에는 변형도 많아 휘핑크림이나 바닐라크림, 초콜릿이나 누가크림, 에그노그(계란술) 등의 리큐르를 소로 사용하는 경우도 있다. 표면도 보통은 과당을 뿌리는 경우가 많으나 슈거 코팅이나 초콜릿 코팅도 있다. 이렇게 변형된 베를린 풍 판쿠헨은 카니발 시기에 등장하는 일이 많다(→p.170).

독일에서는 섣달 그믐날(→p.119)에 모여 카운트다운 파티를 하는 경우가 많은데, 이 섣달 그믐날 파티 때 주로 베를린 풍 판쿠헨을 먹는다. 베를린 풍 판쿠헨 1개에만 머스타드나 톱밥을 넣어 러시안 룰렛 게임처럼 즐기는 습관도 있다.

부르는 이름이 많은 것도 베를린 풍 판쿠헨의 특징. 베를린을 비롯해 동부 독일 거의 전역에서는 베를린 풍을 생략하고 판쿠헨이라고 부른다. 다른 지방에서도 부르는 이름이 다르다. 헤센, 운터프랑켄, 라인헤센, 튀링겐 서부 등에서는 크레펠이라고 부르며, 남부, 특히 바이에른 및 바덴뷔르템베르크 일부에서는 크라펜이라고도 부른다.

파싱스크라펜
Faschingskrapfen

* 지역: 주로 독일 남부
* 주요 곡물: 밀
* 발효 방법: 이스트
* 용도: 간식, 카니발

베를린 풍 판쿠헨 변형

재료(25~26개분)
밀가루550~900g
우유~250㎖
생이스트~1.5개
설탕~100g + 1
　~2큰술
녹인 버터~100g
바닐라~적당량
레몬 껍질 갈아놓은
　것~1큰술
달걀~3개
달걀노른자~3개분
사워크림(실온)~1컵
소금~약간
식용유~적당량
생크림, 카스타드
　크림 등~적당량
슈거파우더, 설탕, 액
　상 초콜릿 등
　~적당량

만드는 법
1 우유를 데운다. 여기에 이스트와 설탕 1~2 큰술을 넣어 녹인 다음, 10~12분 정도 발효시킨다.
2 볼에 밀가루를 넣고, 녹인 버터, 설탕, 바닐라, 레몬 껍질 갈아놓은 것, 달걀, 달걀노른자, 사워크림, 소금, 1을 넣은 다음, 매끄러운 반죽이 될 때까지 잘 치댄다. 커버를 씌워 2배 정도로 부풀어 오를 때까지 실온에서 발효시킨다.
3 밀가루(분량 외)를 뿌린 작업대에서 잘 치댄 다음, 25~26개로 나눠 둥글린다. 커버를 씌워 10분가량 발효시킨다.
4 식용유를 넣고 180℃에서 노릇노릇한 갈색이 될 때까지 튀긴다.
5 튀겨진 반죽을 상하 절반으로 자르고, 아래 절반분에 좋아하는 크림을 올린다. 위의 절반은 슈거파우더, 설탕, 액상 초콜릿 등 좋아하는 코팅을 해서 합친다.

Tip
소 채우기나 코팅은 특별히 정해진 것이 없으므로 취향대로 하면 된다.

* * * * * *

파 싱이란 카니발을 말한다(→p.170). 베를린 풍 판쿠헨(→p.166)의 카니발 버전으로, 카네발 스크라펜이라고도 한다.

최근 누가 크림, 카스타드 크림 , 에그노그 등 서양술이 들어간 소로 속을 채우고 데코레이션을 하는 경우가 늘고 있다. 표면에도 색색의 퐁당슈거(설탕을 끓여서 흰 크림 모양으로 만든 과자용 당의)나 초콜릿을 이용해 코팅을 하는데, 슈거파우더를 뿌린 보통 타입보다 한층 화려하다. 카니발 퍼레이드를 보면서 먹고 싶은 과자 빵이다.

파싱(카니발) 시기의 빵집의 쇼윈도

베를린 풍 브레첼

Berliner Brezel

＊지역: 주로 독일 북부 베를린 등
＊주요 곡물: 밀
＊발효 방법: 이스트
＊용도: 간식, 스낵

베를린 풍 판쿠헨 변형

재료(25~26개분)

밀가루550···900g	레몬 껍질 갈아놓은
우유···250㎖	것···1큰술
생이스트···63g	달걀···3개
설탕···100g+1	달걀노른자···3개분
~2큰술+적당량	사워크림(실온)···1컵
녹인 버터···100g	소금···약간
바닐라···적당량	식용유···적당량

만드는 법

1 우유를 데운다. 여기에 이스트와 설탕 1~2
   큰술을 넣어 녹인 다음, 10~12분가량 발효
   시킨다.
2 볼에 밀가루를 넣고, 녹인 버터, 설탕, 바닐
   라, 레몬 껍질 갈아놓은 것, 달걀, 달걀노른
   자, 사워크림, 소금, 1을 넣은 다음, 매끄러
   운 반죽이 될 때까지 잘 치댄다. 커버를 씌
   워 2배 정도로 부풀어 오를 때까지 실온에
   서 발효시킨다.
3 밀가루(분량 외)를 뿌린 작업대에서 잘 치
   댄 다음, 25~26개로 나눠 브레첼을 성형
   한다. 30분가량 그대로 둔다.
4 식용유를 넣고 180℃에서 노릇노릇한 갈색
   이 될 때까지 튀긴 다음, 둥근 설탕을 뿌린
   다.

베를린 풍 판쿠헨(→p.166)의 반죽으로 만든 브
레첼. 그래서 판쿠헨 브레첼이라고도 한다.
지방에 따라서는 카니발(→p.170) 때 먹는 습관이 있
으며, 파싱스브레첼(파싱: 카니발의 다른 이름)이라
부르는 일도 있다.

속은 넣지 않고 표면에는 설탕 또는 시나몬 슈거를
뿌린다.

같은 반죽인데도 모양이 바뀌면 식감도 다르고 맛
도 다른 느낌이 들기도 하는데, 바로 이 타입이 그런
과자 빵이다. 둥글고 두께가 있는 일반적인 베를린
풍 판쿠헨이나 이 베를린 풍 브레첼을 입에 물었을
때, 소의 있고 없음, 반죽의 두께, 모양 차이에 따라
완전히 다른 빵으로 느껴진다. 소박하지만 싫증이 나
지 않는 튀김빵이다.

Column 13

카니발과 과자 빵

사육제 기간에는
특별한 튀김과자가 등장한다

©GNTB/(Franke, Oliver)

쾰른의 카니발. 호위대 복장으로 퍼레이드에 참가한 시민

카니발이라 하면 화려한 복장을 한 사람들의 퍼레이드를 떠올리는 사람이 많을 것이다.

카니발을 사육제라고도 하는데, 그 어원은 '고기를 끊는다'는 의미의 라틴어에서 유래되었다. 재의 수요일에서 시작되는 사순절(부활절까지의 46일간)은 단식의 기간이다. 카니발을 독일어로는 카네발(Karneval)이라고 한다. 파싱(Fasching), 파스트나하트(Fastnacht)라고도 한다.

단식이 시작되는 재의 수요일, 0시가 되면 짚으로 만든 누베르라는 인형을 태운다. 인형을 태움으로써 죄 사함을 받는 의식으로, 카니발 기간 동안 야단법석을 떤 자신들의 죄를 인형이 대신 지게 한다는 의미다.

마을 전체가 떠들썩한 카니발

독일 어디에서나 카니발을 즐기는 것은 아니다. 카니발 문화가 활발한 지역은 라인강 주변이며, 특히 유명한 곳이 마인츠, 쾰른, 뒤셀도르프. 이곳에서는 성대한 파레이드가 동네를 뒤흔든다. 반대로 카니발 문화가 뿌리내리지 않는 지역에서는 소란을 피우는 이 풍습을 좋게 여기지 않는 사람들도 있다.

해가 밝으면 본격적으로 마을 여기저기서 카니발 집회가 열리고 라이브음악이나 댄스 쇼 등을 한다. 카니발 기간의 피날레를 장식하는 몇일 동안에는 파티 복장을 한 사람들로 인해 마을 전체가 떠들썩하다.

카니발의 시작은 원래 1월 6일의 공현제였다. 그러나 19세기에 들어와 독일의 많은 지역에서 11월 11일

1 기업이 개최하는 카니발 집회. 멋진 쇼가 등장한다.
2 중세의 광대로 분장한 카니발 퍼레이드 참가자. 복장은 전통적인 광대옷부터 독창적인 것까지 실로 다양하다.

부터 시작하게 되었다. 11시 11분을 카운트다운해 카니발 시즌이 시작된다. 사순절은 이른 봄이므로 독일의 카니발 기간은 길다. 다만 카니발 시즌인 강림절이나 크리스마스 시즌에는 카니발 관련 행사는 하지 않기 때문에 다소 혼란스럽다.

튀긴 과자 빵은 으레 따라다니는 것

카니발 시즌이 되면 쾰른 등에 등장하는 과자가 있다. 무첸과 무첸만델른이다. 둘 다 튀긴과자인데, 무첸이 납작한 마름모꼴이고 무첸만델른은 이름 그대로 아몬드(만델른) 비슷한 모양이다.

카니발 퍼레이드는 사순절 전인 장미의 월요일에 행해진다. 그 해에 있었던 사건, 화제가 된 인물을 표현한 수레 몇 대가 등장하고 고적대가 음악을 연주하면서 흥겹게 진행된다. 쾰른 등에서는 장식한 수레에 탄 사람이 구경꾼을 향해 엿이나 초콜릿을 던지는 습관이 있어 길거리에 있던 사람들은 모두 즐겁게 받는다.

다른 축제와 마찬가지로 카니발의 습관도 그 고장에 따라 다르다. 지방에 밀착된 풍습이 많고, 지역의 방언으로 하는 노래 부르기 행사도 있다. 거기에는 역사나 지역성이 두드러져 아주 흥미롭다.

©GNTB/(Franke, Oliver)

©GNTB/(Dipl. Fotograf Brunner, Ralf))

3 카니발의 과자, 무첸만델른. 아몬드가 들어 있는 가루에 버터, 달걀, 설탕을 넣어 반죽하고, 틀에서 뽑아 튀긴 다음 설탕을 뿌린 것
4 쾰른의 카니발 퍼레이드. 참가자가 엿을 뿌리면 분위기는 더욱 고조된다
5 슈바벤·알레만 지방의 카니발. 특징적인 가면을 쓰고 퍼레이드에 참가하는 사람들

감자 크라펜
Erdäpfelkrapfen

* 지역: 주로 독일 남부
* 주요 곡물: 밀
* 발효 방법: 이스트
* 용도: 간식

재료(8~10개분)

감자(큰지막한 것)	달걀···2개
···320g	생크림···100㎖
밀가루550···350g	식용유···적당량
생이스트···30g	

만드는 법

1 감자를 삶아 껍질을 벗긴 다음, 뜨거운 김이 완전히 증발되면 으깬다.

2 으깬 감자에 밀가루를 넣고 섞는다. 가운데를 움푹하게 해놓고 여기에 이스트를 넣는다. 생크림을 붓고 달걀을 넣어 섞는다. 커버를 씌워 따뜻한 곳에서 60분가량 발효시킨다.

3 밀가루(분량 외)를 뿌린 작업대에 반죽을 올려놓고 반죽에도 밀가루(분량 외)를 뿌려 잘 치댄다. 이때 반죽이 묽으면 밀가루(분량 외)를 더 넣는다.

4 반죽을 1개의 막대 모양으로 만들고 같은 크기로 자른다. 1cm 두께로 평평하게 해서 모양을 만든다.

5 식용유를 넣고 180℃에서 노릇노릇한 갈색이 될 때까지 튀긴다.

Tip
감자의 수분량에 따라 반죽의 묽기가 달라질 수도 있으므로 생크림으로 조정한다.

E rdapfel(에르트아펠)의 Erde는 지면, 땅이란 의미이고, Apfel는 사과를 의미한다. '땅의 사과'란 독일 남부 방언으로 감자를 뜻하는 말이다. 따라서 이 에르트아펠은 감자가 들어간 빵이란 것을 알 수 있다.

크라펜은 보통 베를린 풍 판쿠헨(→p.166)처럼 달달한 튀김 빵을 가리킨다. 그러나 이 크라펜은 감자가 들어간 달지 않은 스낵 타입의 튀김빵이다. 표면은 파삭파삭하고, 속은 촉촉하고 쫀득쫀득한 식감이 있다. 특히 막 튀긴 것은 훨씬 맛있다. 감자 크라펜은 한창 자라는 아이들의 간식으로도, 출출한 배를 채우고 싶은 어른들의 스낵으로도 딱 좋다. 치즈나 햄, 파슬리 등의 허브를 반죽에 섞으면 더 맛있다.

크라펜의 어원은 9세기로 거슬러 올라간다. 당시 언어인 고대 독일어에 krapho, 그 후의 독일어에 krapfe라는 말이 있는데, 갈고리 모양의 빵을 가리킨다고 한다. 크라펜은 21세기인 현재까지 전해 내려오는 전통이 있는 과자 빵이다.

아우스게쵸게네
Ausgezogene

＊지역: 독일 남부 바이에른 지방
＊주요 곡물: 밀
＊발효 방법: 이스트
＊용도: 간식, 스낵

재료(20～25개분)

밀가루550…900g	레몬 껍질 갈아놓은
우유…300㎖	것…1큰술
생이스트…63g	달걀…3개
설탕…100g	소금…약간
＋1～2큰술	식용유…적당량
녹인 버터…100g	시나몬 슈거
바닐라…적당량	…적당량

만드는 법

1 우유를 데운다. 여기에 이스트와 설탕 1～2 큰술을 넣어 녹인 다음, 10～12분가량 발효 시킨다.

2 볼에 밀가루를 넣고, 녹인 버터, 설탕, 바닐 라, 레몬 껍질 갈아놓은 것, 달걀, 달걀노른 자, 사워크림, 소금, 1을 넣은 다음, 매끄러 운 반죽이 될 때까지 잘 치댄다. 커버를 씌 워 2배 정도로 부풀어 오를 때까지 실온에 서 발효시킨다.

3 밀가루(분량 외)를 뿌린 작업대에서 잘 치댄 다음, 두께 1㎝로 늘리고 직경 6～7㎝의 원 형으로 자른다. 한가운데가 얇고 가장자리 가 두껍도록 늘린 다음 30분 정도 놔둔다.

4 반죽을 가볍게 늘려 180℃에서 양면을 튀긴 다음, 시나몬 슈거를 뿌린다.

아 우스게쵸게네란 '잡아당기다'라는 뜻의 동사, 아우스첸에서 유래되었다. 둥글린 이스트 반 죽을 잡아당겨 만드는 데서 이 이름이 붙었다. 크니 큐힐레라는 다른 이름도 있는데, 이것은 무릎으로 만 든 케이크(표준 독일어 Kuchen의 방언)라는 의미다. 옛날에는 반죽을 무릎으로 밀었기 때문이다.

예전부터 가을 추수제나 교회나 도시의 축제 때 먹 었다. 프랑켄에서는 빵 가운데의 움푹 들어간 부분에 슈거파우더를 뿌리면 카톨릭이고, 올라온 부분에 슈 거파우더를 뿌리면 프로테스탄트로 구분했다.

아우스게쵸게네는 막 튀겨냈을 때 그냥 먹어도 맛 있지만 잼을 발라 먹어도 맛있다.

뮌헨의 카페에서 볼 수 있는 아우스게쵸게네(위) 와 튀기는 모습(오른쪽)

로지넨슈네케

Rosinenschnecke

* 지역: 독일 전역　　* 주요 곡물: 스펠트 밀, 호밀 등
* 발효 방법: 이스트, 사워도　* 용도: 간식

재료(약 10개분)

스펠트 밀가루630…60g	설탕…60g
밀가루550…540g	소금…10g
생이스트…12g	버터…36g
달걀노른자…24g	버터(실온)…300g
우유(지방분 3.5%, 5℃)	건포도(물이나 럼주 등에
…280g	담가둔 것)…적당량
	달걀물…적당량

만드는 법

1 실온의 버터, 달걀물, 건포도 이외의 재료를 섞어 매끄러워질 때까지 반죽한다. 한 변이 25㎝ 되는 정사각형으로 늘리고 랩을 씌워 5℃에서 8~24시간 보관한다.
2 실온의 버터를 베이킹 시트 2장에 끼워, 한 변이 17cm 되는 정사각형으로 늘린다. 10~12℃에서 보관한다.
3 1의 반죽에, 2의 버터 네 모서리가 반죽의 네 변의 중앙에 오도록 올리고, 반죽의 네 모서리를 가운데로 접어 누른다. ※버터는 반죽 안에 잘 들어가게 할 것.
4 3을 30×60cm 정도의 직사각형으로 늘린 다음, 짧은 쪽의 양면을 중앙으로 접고, 다시 한 번 중앙으로 접는다.
5 랩에 씌워 10℃에서 30분간 휴지시킨다. 반죽을 늘려 4와 같이 두 번 중앙으로 접는다.
6 30분간 그대로 둔 다음 두께 약 3mm로 늘린다.
7 큰 직사각형으로 잘라 건포도를 뿌린 다음, 둥글려 두께 1~2cm로 슬라이스한다.
8 실온에서 4시간 30분~5시간 발효시킨다. 건조되지 않게 랩을 씌운다.
9 달걀물을 발라 220℃ 오븐에 넣고 200℃로 내린다. 스팀은 주입하지 않거나 아주 조금만 주입하고 20분간 굽는다.

로 지넨은 건포도, 슈네케는 달팽이를 말한다. 살아 있는 달팽이뿐 아니라 소용돌이 모양을 독일어에서는 슈네케라고 한다. 로지넨슈네케는 이스트 발효시킨 반죽을 소용돌이 모양으로 말아 굽는 과자 빵이다. 이 책에서는 건포도를 넣은 타입을 소개했으나 몇 가지 변형도 있다. 헤이즐넛 페이스트가 들어간 누스슈네케, 시나몬 슈거가 들어간 프란츠브뢰첸(→p.160), 베를린 풍 판쿠헨슈네케는 베를린 풍 판쿠헨(→p.166)의 반죽에 사과를 잘라 넣고 소용돌이 모양으로 만들어 튀긴 것이다.

크기도 여러 가지다. 큰 것은 보기에도 좋고 포만감도 주지만, 작게 만든 미니 슈네케도 귀엽다.

아펠부터블레히쿠헨
Apfelbutterblechkuchen

＊지역: 독일 각지　＊주요 곡물: 밀　＊발효 방법: 이스트
＊용도: 간식, 일요일 오후의 커피 타임, 대접용

재료(12개분)
밀가루550···500g
우유(체온 정도로 데운
　것)···250㎖
생이스트···42g
설탕···1큰술+125g
버터···125g+150g
달걀노른자···2개분
달걀···1개
소금···약간
레몬 껍질 갈아놓은 것

···1큰술
사과(신맛이 나는 것)＊
　···2~3개
아몬드 슬라이스···20g
설탕···40g
시나몬 파우더···1작은술
＊사과는 미리 익히든가,
생것인 경우에는 껍질을 벗
긴 다음 둥그런 모양이나
은행잎 모양으로 잘라 레몬
즙을 뿌려둔다.

만드는 법
1 이스트를 우유에 녹이고, 설탕 1큰술을 넣어 섞은 다음,
　10~15분간 발효시킨다.
2 버터 125g을 부드럽게 해두고, 설탕 125g을 넣어 잘 섞는
　다. 달걀과 달걀노른자를 조금씩 넣어 섞는다. 소금과 레
　몬 껍질 갈아놓은 것을 넣어 섞는다.
3 1, 2, 밀가루를 합쳐 반죽이 될 때까지 잘 치댄다. 커버를
　씌워 따듯한 곳에서 30분가량 발효시킨다.
4 재차 치댄 다음, 밀가루(분량 외)를 뿌린 작업대에서 팬 크
　기로 반죽을 늘린다. 팬에 올려 15분가량 발효시킨다.
5 손가락으로 움푹 들어가게 만들고 버터 150g을 잘라둔다.
　사과를 균등하게 늘어놓고 아몬드 슬라이스를 뿌린다. 설
　탕과 시나몬 파우더를 섞어 전체에 빠짐없이 뿌린다.
　10~15분가량 휴지시킨다.
6 180~200℃ 오븐에서 25~30분가량 굽는다.
7 12개로 잘라 나눈다.

Tip
5의 반죽 오목한 곳에 넣는 버터는 슈거파우더와 섞어 부드
럽게 거품을 낸 다음, 짤주머니에 넣어 짜도 좋다.

아 펠부터블레히쿠헨. 다소 이름이 길지만 결코
어렵지는 않은 이름이다. 아펠(사과), 부터(버
터), 블레히(빵굽는 팬), 쿠헨(케이크)를 말하는 것이
니까 사과와 버터를 올리고 팬에 구운 케이크임을 상
상할 수 있다.

　이스트 반죽 혹은 파운드케이크 반죽을 팬에 펴놓

고 그 위에 과일 등을 올려 굽는 블레히쿠헨은 집에
서도 쉽게 만들 수 있다.

　블레히쿠헨 중 가장 심플한 것은 부터쿠헨으로, 팬
에 펴놓은 반죽에 버터와 설탕, 아몬드 슬라이스를
토핑해 구운 것이다. 이것만으로도 충분히 맛있다.

비넨슈티히
Bienenstich

* 지역: 독일 전역
* 주요 곡물: 밀
* 발효 방법: 이스트
* 용도: 간식, 커피 타임

재료(20~30개분)
토핑*¹
소*²
밀가루550···400g
생이스트···1/2개
따뜻한 우유···125㎖
설탕···100g
버터···60g
달걀···1개
소금···약간

※1 토핑
버터···60g
생크림···100g
설탕···100g
우유···3큰술
콘스타치···2큰술
아몬드 슬라이스···200g

※2 소
우유···500㎖
설탕···100g
바닐라···적당량
콘스타치···30g
달걀···3개
판 젤라틴···4장

만드는 법
1 이스트를 우유, 설탕 1큰술과 섞은 다음, 따뜻한 곳에 15분가량 놔둔다.
2 1에 나머지의 설탕, 버터, 달걀, 소금을 합치고 밀가루에 섞어 10분 정도 잘 반죽한다. 커버를 씌워 30분가량 발효시킨다.
3 토핑을 만든다. 버터, 생크림, 설탕을 불에 올리고, 콘스타치를 우유로 녹여 섞어 넣고 끓인다. 아몬드 슬라이스를 넣어 섞은 다음, 불을 끄고 식힌다.
4 반죽을 잘 치댄 다음, 팬의 크기(30×40㎝ 정도)에 맞춰 깐다. 토핑을 고르게 깐 다음, 커버를 씌워 30분가량 발효시킨다.
5 200℃ 오븐에서 25분가량 굽는다.
6 소를 만든다. 콘스타치를 우유 3큰술로 녹이고 판젤라틴은 물(분량 외)로 불려둔다. 나머지 우유, 설탕, 바닐라를 불에 올리고 콘스타치와 달걀노른자를 넣어 재빨리 섞는다. 판 젤라틴을 넣어 잘 녹인다. 식으면 달걀흰자를 거품내서 조금씩 섞는다.
7 다 구워진 반죽은 따뜻할 때 10㎝로 자른 다음, 상하 2장으로 잘라 나눈다. 토핑을 올린 쪽을 다시 절반(가로, 비스듬히 등)으로 자른다. 아랫부분은 그대로 팬에 다시 놓고 소를 바른 다음 위의 반죽을 올린다. 30분가량 두었다가 20~30개로 잘라 나눈다.

꿀　벌(biene)의 일격(stich)이라는 뜻의 색다른 이름을 갖고 있는 비넨슈티히. 발효반죽으로 만든 케이크로 일본에서는 눈에 잘 띄지 않지만 독일에서는 대중적인 구운 과자다. 빵 굽는 팬에 반죽을 펴서 굽는 블레히쿠헨이라 불리는 과자 빵의 일종인 비넨슈티히는 한 번에 많이 만들 수 있어선지 판매하는 빵집도 많다.

비넨슈티히라는 이름의 유래는 확실하지는 않지만 다음과 같이 몇 가지가 전해지고 있다. 1474년 라인 강 연안의 도시 린츠에서는 이웃에 있는 안더나하를 공격하기로 계획을 세웠다. 황제가 안더나하에는 라인강 세관의 관세도입을 인정했음에도 린츠에서는 철폐했기 때문이다.

공격 당일 아침, 안더나하의 제빵 견습생 2명이 성벽을 따라 걷다가 그곳에 매달려 있는 꿀벌집에서 벌꿀을 따먹고 있었다. 그때 마침 린츠에서 공격하러 온 사람들을 보자 벌집을 그들에게 내던졌다. 린츠 사람들은 벌에 쏘여 달아날 수밖에 없었다. 린츠 사람들을 물리친 것을 축하하며 만든 케이크가 '꿀벌의 일격'을 의미하는 이 비넨슈티히라고 한다.

듬뿍 끼워넣은 크림과 아몬드가 들어간 반죽의 바삭바삭한 식감은 한 번 먹고 나면 중독이 될 정도로 맛있다. 이 종류의 크림이나 바닐라 딥은 독일 사람들이 좋아해 디저트에도 곧잘 등장한다.

독일에서는 시판 푸딩 믹스가 나와 있으므로 실패하는 일 없이 간단히 이 크림을 만들 수 있다.

츠베치겐쿠헨
Zwetschgenkuchen

* 지역: 독일 전역
* 주요 곡물: 밀
* 발효 방법: 이스트
* 용도: 간식, 커피 타임

재료(약 20개분)

중종[※1]	**※1 중종**
슈트로이젤[※2]	밀가루550…90g
밀가루550…185g	우유…55g
설탕…40g	생이스트…15g
버터(또는 마가린)	설탕…10g
…40g	**※2 슈트로이젤**
달걀노른자…3개분	밀가루405…400g
우유…20~40g	버터(또는 마가린)
소금…2g	…175g
레몬즙…20g	설탕…200g
프룬…2kg	레몬즙…15g
녹인 버터…30g	소금…2g

만드는 법

1 중종의 재료를 섞은 다음, 30~60분가량 발효시킨다. 3배 이상의 크기로 부풀어 오른 것이 좋다.
2 중종, 밀가루, 설탕, 달걀노른자, 우유, 소금, 레몬즙을 가장 느린 속도로 5분, 그보다 빠른 속도로 5분, 부드러운 반죽이 될 때까지 치댄다. 버터를 넣고 같은 속도로 3~5분간 치대, 탄력 있고 윤기 있으며, 달라붙지 않는 반죽을 만든다. 45분간 발효시킨다.
3 슈트로이젤을 만든다. 재료를 손으로 섞은 다음 커버를 씌워 냉장고에 넣어둔다.
4 2를 대충 이긴 다음, 30분간 발효시킨다.
5 건자두를 절반으로 잘라 씨를 뺀다.
6 4의 반죽을 팬에 펴놓는다. 건자두는 자른 면을 위로 해서 반죽 위에 늘어놓는다. 녹인 버터를 바르고 슈트로이젤을 빠짐없이 뿌린다. 30분가량 발효시킨다.
7 180℃ 오븐에서 30분가량 굽는다.
8 약 20개로 잘라 나눈다.

독일은 일본보다 과일 소비량이 많다. 실제로 아침 식사나 휴식시간에 사과나 바나나 등 과일을 먹는 사람이 많고 시장에도 수많은 과일이 나와 있다. 정원에 과일 나무가 있는 집이 많은데, 베리 류는 주위가 무성할 정도로 많이 열린다.

핵과류도 많이 볼 수 있다. 이 케이크에 사용되는 츠베치게는 프룬(서양 자두)의 일종으로 독일에서는 일반적인 과일이다. 츠베치게는 생으로 먹기도 하지만 조려서 페이스트를 만들거나 설탕에 조려 콤포트를 만들기도 한다. 또한 말리거나 증류주를 만드는 등 응용 범위가 넓다. 제철에는 츠베치게로 만든 케이크도 등장하는데 집에서도 만들 수 있는 서민적인 과자다. 츠베치겐쿠헨을 할머니나 어머니가 만들어주었다고 말하는 사람도 많다.

일요일 오후의 커피타임에 잘 어울리며 생크림을 듬뿍 올려 먹으면 프룬의 새콤한 맛과 케이크의 달콤한 맛이 잘 어우러져 더욱 맛있다. 이 책에서는 슈트로이젤을 토핑한 타입을 소개했으나 슈트로이젤이 없어도 상관없다.

슈트로이젤쿠헨

Streuselkuchen

* 지역: 독일 각지
* 주요 곡물: 밀
* 발효 방법: 이스트
* 용도: 간식, 일요일 오후의 커피 타임, 대접용

재료(약 20개분)

슈트로이젤[*1]	소금···약간
밀가루405···550g	사워 체리(캔, 병)
생이스트···21g	···적당량
버터밀크···250mℓ	**※1 슈트로이젤**
버터···60g	밀가루405···175g
설탕···40g	갈색 설탕···150g
달걀···2개분	버터···125g

만드는 법

1 밀가루, 이스트, 버터밀크를 섞어 된 듯한 반죽을 만든 다음, 30분가량 발효시킨다.
2 버터, 설탕, 달걀, 소금을 넣고 천천히 15분간 이겨 부드러운 반죽을 만든다. 60분간 발효시킨다.
3 슈트로이젤을 만든다. 재료를 섞은 다음, 냉장고에 넣는다.
4 반죽을 팬에 펴놓고 사워 체리를 빠짐없이 뿌린다. 슈트로이젤을 올린다.
5 180℃ 오븐에서 30분가량 굽는다.
6 약 20개로 잘라 나눈다.

Tip

사워 체리 없이도 혹은 사워체리 대신에 슬라이스 아몬드를 뿌리거나 카스타드 크림을 발라도 된다.

슈 트로이젤이란 밀가루와 설탕, 버터로 만드는 소보로 모양의 반죽을 말한다. 케이크나 쿠키 등의 토핑으로 이용하는데, 슈트로이젤쿠헨은 슈트로이젤을 올린 케이크를 말한다. 슈트로이젤의 소보로 크기가 크면 부드럽고 촉촉하며, 작으면 단단하고 바삭바삭한 식감이 있다.

슈트로이젤은 사용하는 용도가 넓다. 치즈케이크에도, 과일을 올려 구운 케이크에도 이용할 수 있다. 슈트로이젤의 맛도 바꿀 수 있다. 시나몬이나 코코아 가루, 헤이즐넛이나 아몬드 가루를 섞거나 레몬 껍질을 넣어도 좋다. 흰 치즈케이크에 코코아의 갈색 슈트로이젤을 토핑해도 재미있고, 살구 케이크에 헤이즐넛 가루를 듬뿍 넣은 슈트로이젤을 올려도 잘 어울린다. 궁리하면 훨씬 더 다양한 슈트로이젤쿠헨을 만들어낼 수 있다.

베리류를 사용한 슈트로이젤쿠헨

Column 14

과자 빵의 종류

독일 과자 빵을 알려면 과자 빵을 구별하는 방법도 알아야 한다

1 누스슈네케
2 회른헨
3 슈바인스오렌

    일본에서는 빵과 과자는 다른 것으로 본다. 하지만 독일에서는 곡물을 주재료로 구운 것, 그것이 빵이기도 하고 과자이기도 하다. 이 책에서 분류하는 빵과 과자도 이를 기본으로 한다. 빵은 크게 나눠 대형 빵(브로트), 소형 빵(클라인게베크), 과자 빵(파이네바크바렌)이 있다. 과자나 과자 빵은 전체의 10% 이상 유지와 설탕이 함유되어 있는 것이 전제되며, 여기에는 일본의 구운 과자도 포함된다.

    어떤 종류가 있는지 아래에 소개한다.

① 헤페파인게베크 (Hefefeingebäck)

헤페는 이스트, 파인게베크는 영어로 반죽을 의미하는 pastry에 해당한다. 이스트 반죽으로 만든 과자를 말한다.

ⓐ 타쉔(Taschen): 소를 넣은 빵과자
    슈네케(Schnecke→174): 소용돌이빵
    회른헨(Hörnchen): 각진 모양의 빵과자

ⓑ 쿠헨류(Kuchen): 팬에 구운 케이크
    부터쿠헨(butterkuhen→175), 슈트로이젤쿠헨(Streuselkuchen) 등.

ⓒ 헤페쵸프(Hefezöf): 꽈배기 빵류(→p.152)

ⓓ 플룬더게베크(Plundergebäck): 이스트를 사용한 빵 반죽, 데니시 반죽.
    프란츠브로첸(Franzbrötchen →p.160)

ⓔ 슈톨렌(Stollen →p.136)

② 블레터타이크게벡크 (Blättergeiggebäck)

파이반죽 과자
슈바인스오렌(Schwinsohren, 돼지 귀의 의미) 등

③ 슈트루델(Strudel)

밀가루, 유지, 물로 만드는 매우 얇은 반죽에 소를 채워 넣고 말아 구운 과자
아펠스트루델(Apfelstrudel) 등.

4 도너우벨레   5 티타임 쿠키
6 비스킷   7 바움쿠헨
8 타르틀레트   9 레브쿠헨

④ 류어쿠헨(Rührkuchen)

파운드케이크 생지를 구운 과자
샌드쿠헨(Sandkuchen, 모래), 도나우벨레
(Donauwelle, 도나우 강의 파도), 바움쿠헨
(Baumkuchen) 등

⑤ 뮤르브타이크게베케
(Mürbteiggebäcke)

쿠키와 타르트의 바삭바삭한 생지
테게베크(Teegebäck): 티타임 쿠키
오브스트뵈덴(Obstböden): 후르츠타르트의 저생
지, 타르틀레트(Tarteletts) 등

⑥ 다우어바크바렌
(Dauerbackwaren)

케크세, 크래커(Kekse, Kräcker): 비스킷, 크래커
레브쿠헨게베케(Lebkuchengebäcke, 레브쿠헨
류), 라우겐다우어게베케(Laugendauergebäcke):
얇은 스낵 타입의 브레첼
비스킷(Biskuit): 비스킷
츠바이백(Zweiback): 러스크 등

⑦ 토르테(Torte)

스펀지 등의 케이크 생지를 구운 뒤에 크림 등을 합
친 케이크
자네토르테(Sahnetorte): 크림 토르테
프루츠토르테(Fruchttorte): 후르츠 토르테 등

독일 빵 이해하기

Brotkunde

* * *

독일 빵을 취급할 때에 먼저 알아둬야 하는 것이 독일
에서 정한 빵의 종류이다. 이와 함께 사용되는 재료와
지역의 특성에 대해 알면 독일 빵이 어떤 빵인지 대충
알 수 있다. 빵을 알면 독일의 문화도 이해할 수 있다.
독일 사람들이 언제 그 빵을 먹으며, 어디서 구입하는
지 소개한다. 빵에서 볼 수 있는 건강 의식과 유기농 빵
의 현실, 세계 유산 등록 등, 독일 빵의 트렌드에 대해
서도 다뤄보겠다.

독일 빵의 분류

독일 빵은 명확한 분류 기준이 있다. 무게로 분류하기도 하고 주원료가 되는 곡물의 비율로 분류하기도 한다. 그 기준에 따라 빵 이름이 정해지므로 기초 지식으로 알아두면 좋다.

　독일 빵의 분류, 단순히 말하자면 이름을 붙이는 데는 그 규칙이 있다.

　빵을 분류하는 기준은 명확하게 정해져 있으며 이를 토대로 빵 이름이 정해진다. 기본은 주된 곡물＋빵의 종류. 독일어는 한 단어가 길기 때문에 성가신 면이 없지 않으나 좀 익숙해지면 그것이 바로 어떤 빵인지 알 수 있게 된다. 그리고 곡물의 함유량에 따라 명칭이 달라진다. 명칭을 붙이는 데도 합리적으로 되어 있어 맛이나 모양을 추측해볼 수 있다.

　이 책의 분류도 독일 빵의 종류에 따른 것이다. 이 페이지에서 분류법을 자세히 알아보기로 한다.

대형 빵(Brot→p.14)

　중량 중 90%는 곡물 혹은 곡물제품이고, 유지나 설탕 등의 당분은 10% 이하, 최저중량은 250g인 빵이다. 독일에는 약 300가지가 있다.

독일 빵집에 진열된 여러 가지 소형 빵

소형 빵(Kleingebäck→p.82)

　중량 중 90%는 곡물 혹은 곡물제품이고, 유지나 설탕 등의 당분은 10% 이하, 중량은 250g 미만인 빵이다. 독일에는 약 1200가지가 있다. 소형 빵 중에서도 작은 타입, 주로 아침 식사용 빵은 브뢰첸(Brötchen)이라 부른다. 중량은 40~60g이 주류. 지역에 따라 다양한 이름으로 불린다(→p.187).

과자 빵(Feine Backwaren→p.150)

　중량 중 90%는 곡물 혹은 곡물제품이고, 유지나 설탕 등의 당분이 10%를 넘는 빵이다. 달고 고급스런 빵이 많으며 과자도 포함된다. 더 자세한 과자 빵에 대해서는 180쪽을 참조하기 바란다. 이 책에서는 독일의 축제나 이벤트에서 이름을 따온 빵을 정리해서 축제 빵(→p.112)으로 다루었다. 이들은 엄밀하게는 대형 빵, 소형 빵, 과자 빵 중 어느 하나에 속한다.

기본적인 빵의 분류

이름	빵 이름	한국어	설명
Brot	브로트	대형 빵	곡물 또는 곡물제품의 중량이 90% 이상, 유지나 설탕 등의 당분은 10% 이하, 최저중량 250g 이상.
Landbrot Bauernbrot	란드브로트 바우에른브로트	시골 빵 농부의 빵	대형 빵의 일종. 시골풍으로 보인다. 두꺼운 외피를 갖고 있으며 표면에는 가루를 뿌린다.
Biobrot	비오브로트	유기농(有機農) 빵	유기농 재료 95% 이상인 대형 빵
Kleingebäck	클라인게베크	소형 빵	곡물 또는 곡물제품의 중량이 90% 이상. 유지나 설탕 등의 당분은 10% 이하, 중량 250g 미만
Brötchen	브뢰첸	식탁 빵	클라인게베크 중에서도 작은 빵. 중량은 40~60g이 주류. 주로 아침 식사용

말하자면 식사용 빵류가 대형 빵과 소형 빵이다. 이들 대형 빵과 소형 빵은 중량의 90%가 곡물 혹은 곡물제품이고, 유지나 설탕 등의 당분은 10% 이하이다. 차이는 중량. 250g을 넘는 것이 대형 빵이고 250g 미만인 것이 소형 빵이다. 크기를 나타내는 명칭 이외에는 이름을 붙이는 법도 공통이다.

그럼 무엇을 기준으로 빵의 이름을 붙일까? 중요한 것은 곡물의 배합량이다. 같은 곡물이라도 배합 비율에 따라 명칭이 달라진다.

예를 들어 보겠다.

슈퍼마켓 등에서 판매하는 미리 슬라이스해 포장해놓은 대형 빵 뮤즐리브로트(→P.71)

Weizenbrot = Weizen + Brot

Weizen이란 밀가루 90% 이상인 빵에 붙이는 이름이다. Brot는 대형 빵을 말한다. 그러니까 Weizenbrot란 밀가루를 90% 이상 사용한 대형 빵을 가리킨다.

Weizenkleingebäck = Weizen+Kleingebäck

클라인게베크가 소형 빵이므로 밀가루 90% 이상 사용한 소형 빵을 의미한다. 이 빵들의 곡물량에 따른 분류는 186쪽 표와 같다.

곡물량뿐 아니라 모양에 따른 이름도 있다.

Rundbrot = Rund+Brot

Rund란 원형을 말하고, Brot는 대형 빵을 말한다. Rundbrot란 둥근 대형 빵을 가리킨다.

모양에 따른 분류는 187쪽 표와 같다.

과자 빵류 중에는 일본에서 과자로 분류되는 것도 있다.

주요 곡물에 의한 빵의 분류

명칭	빵 이름	곡물량
Weizen–/Weiß–	바이첸–/바이스–	밀가루 90% 이상
Weizenmisch–	바이첸미슈–	밀가루 50~90% 미만
Roggen–	로겐–	호밀가루 90% 이상
Roggenmisch–	로겐미슈–	호밀가루 50~90% 미만
Weizenvollkorn–	바이첸폴콘–	밀 전립제품 90% 이상
Roggenvollkorn–	로겐폴콘–	호밀 전립제품 90% 이상
Vollkorn–	폴콘–	호밀 전립제품과 밀 전립제품을 합친 것 90% 이상
Weizenroggenvollkorn–	바이첸로겐폴콘–	폴콘 중, 밀 전립제품 50% 이상
Roggenweizenvollkorn–	로겐바이첸폴콘–	폴콘 중, 호밀 전립제품 50% 이상
Hafervollkorn–	하파폴콘–	귀리 전립제품 90% 이상, 합계 전립제품 90% 이상
Weizenschrot–	바이첸슈로트–	거칠게 빻은 밀가루 90% 이상
Roggenschrot–	로겐슈로트–	거칠게 빻은 호밀가루 90% 이상
Schrot–	슈로트–	거칠게 빻은 호밀가루와 거칠게 빻은 밀가루를 합친 것 90% 이상
Weizenroggenschrot–	바이첸로겐슈로트–	슈로토 중 거칠게 빻은 밀가루 50% 이상
Roggenweizenschrot–	로겐바이첸슈로트–	슈로토 중 거칠게 빻은 호밀가루 50% 이상
Pumpernickel	펌퍼니켈	거칠게 빻은 호밀가루와 거칠게 빻은 호밀전립을 합친 것 90% 이상
Misch–	미슈–	믹스의 의미. 많은 쪽 곡물의 이름을 붙인다.
Toast–	토스트–	밀가루 90% 이상
Dinkel–	딩켈–	스펠트 밀가루 90% 이상
Triticale–	트리티칼–	호밀밀(밀와 호밀의 교배종) 90% 이상
Mehrkorn–	메어콘–	제빵용 곡물 1종류 이상+다른 곡물 1종류, 합쳐 3종류 이상. 각각의 곡물 5% 이상
Rosinen–	로지넨–	100kg의 곡물가루에 대해 건포도 등 말린 포도류 15kg 이상
Milch–	밀히–	100kg의 곡물가루에 대해 우유 50ℓ 이상
Buttermilch–	부터밀히–	100kg의 곡물가루에 대해 버터밀크 15ℓ 이상

※아마씨, 해바라기 씨, 호박씨, 참깨, 호두, 헤이즐넛 등 식물의 씨앗을 사용하는 것이 빵 이름에 붙는 경우: 100kg의 곡물가루에 대해 이름에 붙은 씨앗 8kg 이상 함유

모양에 따른 빵 분류

명칭	빵 이름	모양
Rund–	룬트–	둥근형, 원형
Lang–	랑그–	타원형, 긴 원형
Stangen– –stange	슈탄게– –슈탄게	긴 막대형
Ring–	링–	링, 고리 모양
Rosen–	로젠–	피기 시작한 장미꽃 모양
Zopf– –Zopf	쵸프– –쵸프	꼰 것
Fladen– –fladen	플라덴– –플라덴	평평한 원형

건강에 대한 관심을 반영해 비오 인증을 받은 빵도 적지 않다. Bio 마크

아침 식사용 소형 빵(프뢰첸)의 독일어권·지방에 따라 부르는 이름

명칭	빵 이름	사용되는 지방	모양
Brötchen	브뢰첸	프랑켄 지방 이북 전역	타원형, 둥근형
Brötli	브뢰틀리	스위스	타원형, 둥근형
Brötla	브뢰틀라	스위스	타원형, 둥근형
Kaiser(brötchen)	카이저(브뢰첸)	포메른 북부, 브란덴부르크 북부와 동부, 튀링겐 남부, 바이에른과 오스트리아 일부	둥근형
Rundstück	룬트슈튜크	슐레스비히홀슈타인, 함부르크, 니더작센 일부	둥근형
Semme(r)l	젬멜(메르)	바이에른, 작센, 튀링겐, 오스트리아	타원형, 둥근형
Weck	베크	라인헤센, 헤센 남부, 팔츠, 바덴뷔르템베르크	타원형, 둥근형
Weck(er)le	베클레(베커레)	바덴뷔르템베르크	타원형, 둥근형
Weckerl	베컬	오스트리아 일부	타원형, 둥근형
Weggli	베글리	독일과 스위스 국경 부근	타원형, 둥근형
Schrippe	슈리페	베를린, 브란덴부르크	타원형, 둥근형
Laabla	라블라	프랑켄 일부	타원형, 둥근형
Mütschli	뮤츨리	스위스	타원형, 둥근형
Kipf	키프	프랑켄	타원형

참고: Atlas zur deutschen Alltagssprache 외

독일 빵의 재료

빵을 만들 때 없어서는 안 되는 재료는 밀가루 등 곡물류, 이스트나 사워도 같은 팽창제, 소금, 물이다. 이들 재료에 개성 있는 풍미와 맛을 위해 씨앗나 견과류, 향신료가 사용된다.

곡물

빵을 만드는 주요 재료로, 독일의 전통적인 곡물은 밀가루와 호밀가루다. 빻는 방법도 다양해 만들고 싶은 빵에 맞춰 가루를 선택할 수 있다. 다만 독일에서 사용하는 타입을 구분하는 기준은 가루 분량이다. 가루의 곱기는 가루의 명칭에 붙어 있다. 슈로트는 거칠게 빻은 것, 고운 것은 메르, 그 중간이 그리스(grieß)와 둔스트(Dunst)이다.

독일에서는 밀가루와 호밀가루뿐 아니라 스펠트 밀이나 귀리도 많이 사용한다. 또한 기장이나 옥수수, 메밀이나 감자처럼 곡물은 아니지만 곡물처럼 취급하는 것도 사용한다.

곱게 빻은 가장 일반적인 밀가루 타입

밀(Weizen)

빵을 만드는 데 가장 먼저 떠오르는 곡물이라 하면 단연 밀가루다. 밀가루가 빵을 만드는 데 적합한 이유는 단백질인 글루텐이 함유되어 있기 때문이다. 밀가루에 물을 부으면 반죽이 되는데, 이때 반죽에 수분을 유지하는 역할을 하는 것이 글루텐이다. 글루텐은 반죽에 탄력을 줘서 잘 늘어나게 하고 반죽이 발효되면서 발생하는 탄산가스를 놓치지 않는다. 그 때문에 밀가루를 사용한 빵은 부풀어 오른다. 밀가루만으로 빵을 만들기도 하지만 글루텐이 약한 호밀가루 등과 같은 곡물과 함께 사용하기도 한다.

독일에서 일반적인 밀가루는 가정용으로 많이 사용하는 '타입 405', 빵집에서 사용하는 '타입 550'을 비롯해 '타입 812', '타입 1050' 등 몇 가지 종류가 있다.

호밀가루(Roggen)

호밀가루의 특징은 그 색과 맛에 있다. 밀가루보다도 색이 진하고 외피는 청록색이다. 독일에서는 호밀을 전립으로 사용하는 일이 많다. 호밀은 글루텐이 거의 없기 때문에 밀가루와 혼합해 이용한다. 호밀가루는 펀트자네라는 특수한 섬유질을 함유하고 있어 이것이 독특한 맛과 깊이를 만들어낸다. 독일에서는 전립, 거칠게 빻은 것, 가루로 판매하고 있으며, 거칠게 빻은 것의 번호는 '타입 1800' 이다.

스펠트 밀(Dinkel →p.55)

고대부터 먹었던 스펠트 밀은 보통밀의 원종에 해당하며, 단단한 외피에 싸여 있다. 스펠트 밀은 원래 독일 남부에서 많이 먹었으나 현재는 독일 전체에서 먹고 있다. 미네랄이 풍부하고 향과 견과류를 생각나게 하는 맛으로 인기가 있는 곡물이다. 무농약, 저농약으로 재배할 수 있다는 점에서도 높은 평가를 받고 있다. 독일에서는 전립, 거칠게 빻은 것, 가루로 판매하고 있다.

전립밀가루. 일반적인 것과 색과 맛이 다르다는 것을 알 수 있다.

귀리(Hafer)

귀리를 거칠게 부수거나 납작하게 누른 귀리로 친숙하다. 생김새는 보리와 비슷하지만 단독으로 먹기보다 다른 재료를 첨가하여 요리하는 것이 보통이다. 유럽의 곡물 중에서 단백질 함유량이 가장 많다. 글루텐은 거의 함유되어 있지 않아 밀가루와 섞어 사용하는 일이 많다. 귀리는 빵 반죽에 섞어 사용할 뿐 아니라 토핑으로도 이용한다.

귀리, 오트밀, 귀리 밀기울이 판매되고 있으며, 오트밀은 일반적인 식재료로 슈퍼마켓에서 구입할 수 있다.

보리(Gerste)

보리는 밀과 비슷한 맛이다. 빵에 이용하는 것은 품종이 개량된 보리로 대부분 밀가루를 섞어 사용한다. 독일에서는 전립, 거칠게 빻은 것을 판매하며, 가루 판매는 드물다.

곱게 빻은 호밀가루

기장(Hirse)

기장을 넣으면 바삭한 빵이 완성되지만 글루텐이 들어 있지 않아 빵의 소재로서는 부수적으로 사용한다. 가루도 판매하고 있다.

메밀(Buchweizen)

살짝 쓴맛이 있어 빵에 개성적인 맛을 내고 싶을 때 사용한다. 메밀 낱알은 밀 비슷하며 실제로 곡물과 똑같이 취급할 수 있으나 식물학적으로 메밀은 마디풀과 식물이다. 글루텐 양이 적어 대부분 밀가루와 함께 사용한다.

독일에서는 전립, 거칠게 빻은 것, 가루로 판매하고 있다.

거칠게 빻은 호밀가루

옥수수(Mais)

글루텐 프리 식재료로 글루텐이 들어 있지 않아 옥수수만으로 빵을 만들면 무겁고 부풀지 않은 빵이 되지만 글루텐이 안 맞는 사람에게는 고마운 식재료다. 일반적으로는 밀가루와 섞어 빵을 만든다.

감자(Kartoffel)

빵과 나란히 독일의 식탁에 없어서는 안 되는 음식이다. 감자는 요리뿐만 아니라 빵의 소재로써도 사용된다. 빵에 넣으면 촉

껍질을 제거하고 빻은 호밀가루. 색이 희다.

곡물명	독일명	한국명
Weizen	바이첸	밀
Roggen	로겐	호밀
Hafer	하퍼	귀리
Gerste	게르스테	보리
Mais	마이스	옥수수
Reis	라이스	쌀
Hirse	히르제	기장
Emmer	엠머	엠머
Dinkel	딩켈	스펠트 밀
Buchweizen	브흐바이첸	메밀
Quinoa	키노아	퀴노아
Triticale	트리티칼레	호밀밀
Einkorn	아인콘	낱알밀
Amaranth	아마란츠	아마란스

고대밀인 스펠트 밀가루

재료명	독일명	한국어
Weizenkeim	바이첸카임	밀배아
Soja	조야	대두
Kleie	클라이에	밀기울
Milch	밀히	우유
Joghurt	요구르트	요구르트
Buttermilch	부터밀히	버터밀크
Butter	부터	버터
Salz	잘츠	소금

독일의 가루 타입

독일의 밀가루나 호밀가루에는 타입번호가 붙어 있다. 타입의 수치는 가루 분량에 따라 결정된다. 수치가 높을수록 껍질 등도 많이 포함되어 있어 미네랄의 함유량이 높다. 동시에 섬유질이나 비타민도 늘어나며 색도 진해진다.

밀과 호밀에 설정되어 있는 타입 번호는 다음과 같다.
밀가루 타입···405, 550, 812, 1050, 1700 등
호밀가루 타입···815, 997, 1150, 1370, 1800 등

촉한 식감이 있으며 더 오래 간다. 빵에 넣는 방식은 다양하지만, 감자를 으깬 메시 포테이토 상태로 사용하는 일이 많다.

팽창제

곡물과 물만 넣으면 끈적끈적한 반죽이 된다. 빵을 완성하는 데 없어서는 안 되는 것이 팽창제인데, 많이 사용되는 것은 이스트와 사워도이다. 이스트와 사워도의 특징을 알아보자.

반죽 타입이 알려져 있지만, 가루 타입의 사워도도 있다.

이스트(Hefe)

이스트는 균류에 속하는 미생물로 보통 빵을 발효시키는 데 사용한다. 빵을 굽기 위해 배양된 것이 베이킹용 이스트다. 이스트에는 특별한 제조법으로 건조시킨 드라이이스트와 생이스트가 있다.

드라이이스트는 이스트를 건조시킨 가루 타입으로 그대로 밀가루에 섞어 사용한다. 생이스트는 미온수나 물, 우유 등에 녹여 사용한다. 독일에서는 생이스트를 42g의 네모난 모양으로 만들어 판매한다.

이스트는 밀가루와 스펠트 밀가루, 밀가루와 다른 곡물을 혼합한 빵에 적합하다. 전립분 빵이나 지방분을 많이 함유한 빵에는 많은 이스트가 필요하다.

사워도(Sauerteig)

신맛을 내는 반죽이 베이스인 사워도는 독일에서는 예로부터 호밀가루를 사용한 빵에 사용했다. 빵 반죽에 섞으면 발효산을 만드는 균이 탄산가스를 발생시켜 팽창된다. 빵의 종류를 불문하고 폭넓게 사용하는 것이 특징이다.

슈퍼마켓에서 판매하는 생이스트. 버터나 요구르트 등과 함께 유제품 코너에 진열되는 경우가 많다.

사워도는 독특한 산미와 향이 있는데, 이것이 빵에 맛을 더한다. 더구나 빵이 더욱 오래가게 한다. 하지만 발효에 긴 시간이 걸리기 때문에 이스트를 사용하는 것보다 시간과 수고가 많이 들어간다. 이 때문에 이스트와 겸해 사용하기도 한다.

사워도에는 여러 가지가 있는데, 직접 만들어 사용하는 것도 어렵지 않다. 독일에서는 보다 개성적인 빵을 만들기 위해 사워도만 사용하는 빵집도 흔히 볼 수 있다.

시판되는 생이스트에는 유기농 재배 이스트도 있다. 이스트에는 드라이이스트도 있지만, 독일에서는 생이스트가 일반적이다.

씨·견과류·향신료

빵만으로도 충분히 맛있지만 씨, 견과류, 향신료를 넣으면 개성 있는 맛을 낼 수 있다. 흔히 사용하는 것은 다음과 같다.

양귀비씨(Mohn)

검정색을 띤다. 토핑으로 사용하기도 하고 반죽에 넣어 사용하기도 한다. 포피 시드라고도 한다.

해바라기씨(Sonnenblumenkern)

빵에 사용하는 씨앗류 중 가장 인기가 높다. 해바라기씨는 그대로 반죽에 넣기도 하고 빵 표면에 뿌리기도 한다.

호박씨(Kürbiskern)

녹색 빛을 띤 씨로 그대로 쓰거나 거칠게 빻아 반죽에 넣는다. 토핑에 사용하기도 한다.

아니스(Anis)

쓴맛을 띤 달콤한 풍미가 특징이다. 독일 남부지방에서 즐겨 사용한다.

캐러웨이(Kümel)

약간 쓴맛과 단맛이 있고 상큼한 향이 있다. 빻지 않고 반죽에 섞기도 하고 토핑으로 사용하기도 한다.

코리앤더(Koriander)

고수의 씨를 이용하여 만든 향신료. 달콤하고 상큼해 향긋한 빵을 만들 수 있다. 가루로 빻아 사용하기도 하고 거칠게 빻아 사용하기도 한다.

혼합 향신료(Gewürzmischung, Brotgewürz)

독일에서는 몇 종류의 향신료를 혼합한 믹스 스파이스를 많이 사용한다. 반죽에 넣어 사용하는가 하면 먹을 때 뿌리기도 한다.

독일에서는 친숙한 양귀비씨

해바라기씨. 씹는 맛이 있다.

독일에서 많이 사용하는 향신료 중의 하나인 캐러웨이씨

씨, 견과류, 향신료	독일어	한국어
Mohn	몬	양귀비씨(포피 시드)
Leinsamen	라인자멘	아마씨
Sonnenblumenkern	조넨블루멘컨	해바라기씨
Kürbiskern	큐르비스컨	호박씨
Sesam	제잠	참깨
Walnuss	발누스	호두
Haselnuss	하젤누스	헤이즐넛
Rosinen	로지넨	건포도
Anis	아니스	아니스
Piment	피멘트	올스파이스
Kümmel	큐멜	캐러웨이
Koriander	코리안더	코리앤더
Fenchel	펜헬	회향풀
Dill	딜	딜
Gewürzmischung, Brotgewürz	게뷔르츠미슝, 브로트게뷔르츠	혼합 향신료

몇 종류의 향신료를 미리 혼합해놓은 믹스 스파이스. 빵 반죽용이다.

빵 발효용 바구니. 빵에 바구니 무늬가 생긴다. 둥근형과 타원형도 있다.

독일에서 많이 사용하는 향신료와 허브 분포도

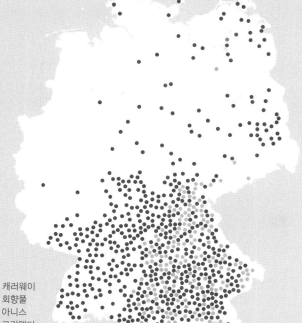

- 캐러웨이
- 회향풀
- 아니스
- 코리앤더
- 올스파이스
- 딜

카이저젬멜(→p.98)의 표면에 무늬를 만들기 위한 모양틀

지역의 특징 이해하기

독일 북부의 빵과 식문화

독일 북부는 춥기 때문에 호밀을 사용한 빵이 많다. 메밀 재배를 하는 것도 이 지역만의 특징이다. 근년에는 글루텐 프리를 원하는 사람들이 많아 메밀을 빵의 소재로 사용하기도 한다.

덴마크와 국경을 접하고 있는 독일 북부는 세계유산인 한자동맹 도시 뤼베크를 포함한 독일 최북단의 홀스타인 주, 음악대로 유명한 자유 한자 도시 브레멘, 독일 최대의 무역항이 있는 자유 한자 도시 함부르크, 니더작센 주 북부가 포함된다.

이 지방의 빵은 호밀의 비율이 많고 그 짙은 색으로부터 '흑빵'을 의미하는 슈바르츠브로트(→p.42)라는 이름이 붙은 빵이 많다. 그도 그럴 것이 니더작센 주는 독일 제2의 호밀 재배지를 갖고 있다.

니더작센의 하노버나 뤼네부르크에서는 이 외에도 게어스터브로트(→p.37)가 있다. 호밀 빵의 표면을 직화로 굽는 독특한 방법으로 만든 빵이다. 이스트반죽을 사용한 과자로는 부터쿠헨(→p.175)이나 데니슈류를 많이 먹는다.

독일에서는 그다지 볼 수 없지만 홀슈타인 지방이나 뤼네베르크 주변에서는 모래를 함유한 토양이기 때문에 메밀 재배를 하고 있다. 최근 메밀은 글루텐 알레르기용 식재료로 주목을 받고 있다. 이 주변에서는 메밀가루를 반죽해 경단 모양으로 만든 홀슈타인 풍 브흐바이첸클뢰세라고 불리는 요리도 있다.

독일 북부는 바다에 면해 있기 때문에 어업이 활발하다. 명태, 청어, 가자미, 작은 새우 등 다양한 어패류를 먹을 수 있다. 초절임 청어나 훈제 장어는 이 고장에서는 친숙한 음식이다. 장어는 수프로도 먹지만 명물요리인 함부르크 풍 장어 수프인 알주페에는 장어가 들어가지 않는다. 고기를 기본으로 한 수프에 야채나 건조 과일,

독일 북부지방의 빵인 호밀을 많이 사용한 슈바르츠브로트

허브를 몇 종류 넣어 만든다. 함부르크 선원의 식사를 준비하는 사람이 만들었다고 하는 감자와 고기, 비트를 섞어 만든 요리인 라브스카우스도 유명하다.

평지가 많아 목축이나 낙농이 발달한 독일 북부에서는 고기요리도 많이 먹는다. 야채나 고기 등을 끓인 아인토프는 그 대표적인 요리다. 북부의 전형적인 조합으로는 서양배, 강낭콩, 베이컨 익힌 것, 루타바가(야채의 일종), 기타 야채를 끓인 것이 있다.

또한 겨울의 명물로 케일과 핑켈이라는 소시지를 함께 먹는 요리가 있고, 디저트로는 로테 그류체(그류체는 죽 상태의 것)라 불리는 붉은 베리류인 콤포트가 유명하다. 북쪽 동네 뤼베크는 마르치판의 명산지다.

프리슬란트 지방에서는 홍차 문화가 발달했다. 이 지방에는 독자적인 홍차 마시는 법이 있으며, 오리지널 브랜드 티도 있다. 커피도 마시지만 특히 북해연안 지방에서는 럼주를 넣고 크림을 섞어 마시기도 한다. 북부에서는 맥주가 쓴맛이 나는 필스너가 주류를 이루고 있다.

뤼베크의 명물 마르치판. 지리적 표시보호에 지정되어 있다. 최근 여러 가지 향미료를 넣은 것도 생겼다.

독일 북부에서 가장 인기 있는 디저트인 로테 그류체. 휘핑크림이나 바닐라 아이스크림에 넣으면 더욱 맛있다.

독일 북부 슈트랄준트의 구시가지

ⒸGNTB/Hansestadt stralsund

독일 최대의 항구 함부르크 창고거리와 운하. 이곳도 유네스코 세계유산에 등록되었다.

세계적으로 유명한 브레멘 음악대의 상. 브레멘 시청사 옆에 있다.

독일 동부의 빵과 식문화

수도 베를린의 이름이 붙은 빵이 대표적이다. 또한 북부처럼 한냉 기후 때문에 호밀을 사용한 빵이 일반적이다. 그리고 일본에서도 크리스마스 과자로서 완전히 정착한 슈톨렌도 이 지역의 명물이다.

독일의 수도 베를린을 필두로 한 구동독 지역으로, 현재의 포츠담을 주도로 하는 브란덴부르크 주, 고도 드레스덴과 도기로 유명한 마이센 등이 있는 작센 자유주, 작센 주, 튀링겐 자유주를 포함하고 있어, 독일 동부는 이 나라의 중핵이 되는 중요한 지역이다.

먼저 떠오르는 이 지역의 빵은 수도 베를린의 란드브로트(→p.24)와 판쿠헨(→p.166)이다. 심플한 소형 빵으로 구둣가게 견습생의 의미를 가진 슈스타융게 등. 튀링겐 주에서 옛날부터 있었던 빵으로는 튀링겐 크루스텐브로트와 카르토펠브로트를 들 수 있다.

동부는 북부와 마찬가지로 한랭 기후이기 때문에 호밀 재배에 적합하며, 브란덴부르크 주는 호밀 재배면적이 독일 최대이다. 구동독 시대의 빵에는 호밀과 사워도로 만든 콘줌브로트와 말파크라프트마브로트(→p.60) 등이 있다.

구동독 시대에는 동유럽 요리가 인기를 얻었다. 양배추와 오이 피클이 들어간 수프인 졸얀카, 헝가리 요리로 노란 파프리카 등을 부드럽게 볶은 레초가 대표적인 요리다. 오이 피클은 브란덴부르크의 슈프레발트산이 유명하다.

메클랜부르크, 브란덴부르크 주에는 호수와 강이 많아 송어, 민물꼬치고기, 농어 등 담수어를 먹을 수 있다. 잉어를 먹는 습관도 있어 양파 등을 넣고 끓인다. 이것은 크리스마스 요리로도 먹는다.

육류로는 튀링겐의 긴 그릴 소시지인 로스트브라트부르스트와 베를린의 아이스바인, 카레

수도 베를린의 이름을 딴 베를리나 란드브로트.

맛이 나는 소시지 커리부르스트, 미트볼블레테 등이 알려져 있다. 동프로이센 문화의 영향이 남아 있는 베를린, 브란덴부르크, 메클랜부르크에서는 동프로이센의 쾨니히스베르크 크로프세라 불리는 고기경단 요리를 흰 소스와 케밥과 함께 내놓는다.

메클랜부르크, 포메른 지방은 비타민 C가 풍부한 보리수나무과 과일인 시바크손의 재배지이기도 하며, 이 열매를 사용한 주스와 잼, 리큐르, 과자원료와 요리도 많다.

일본에서 유명한 바움쿠헨은 작센·안할트 주의 잘츠베델이 발상지이며, 브란덴부르크는 케이크류가 풍부한 거리로서 유명하다. 드레스덴은 오스트리아에 가까워 커피하우스 문화가 발달했다. 커피와 함께 먹을 수 있는 케이크, 과자류가 많다. 그리고 드레스덴에서 잊어서는 안 되는 것은 슈톨렌(→p.136)이다. 이곳의 자랑이며 명물이다.

베를린 명물 커리부르스트. 케첩이 들어간 소스와 카레가루를 뿌려 먹는다.

동서 베를린을 막고 있던 독일 통일의 상징 브란덴부르크문과 관광 택시

드레스덴의 구시가지 프라우엔 교회와 노이마르크트 광장

프로이센의 프리드리히 대왕에 의해 세워진 포츠담에 있는 상수시 궁전. 1982년에 유네스코 세계유산에 등록되었다.

작센과 튀링겐의 명물 케이크 아이어쉐케

독일 서부의 빵과 식문화

펌퍼니켈을 비롯해 호밀을 사용해 구운 빵이 주류. 프랑스 알자스에 인접해 있어 플람쿠헨 등 프랑스 공통의 빵도 볼 수 있다. 대형 빵뿐 아니라 소형 빵도 다양하다.

독일 서부는 니더작센주 남부, 독일 대공업지대로 알려져 있는 루루 공업지대, 쾰른, 뒤셀도르프 등의 도시가 있는 라인강 유역의 노르트라인베스트팔렌 주, 금융도시 프랑크푸르트가 있는 헤센 주, 프랑스와 국경을 접하는 라인란트팔츠 주가 이 지역이다.

이 지역을 대표하는 빵이라 하면 베스트팔렌 지방의 펌퍼니켈(→p.46). 호밀가루를 사용한 깊은 맛이 나는 빵이다.

이 외에도 알려져 있는 빵은 베스트팔렌 풍 바우에른슈투텐, 파더보르너, 바르부르크 란드브로트처럼 호밀가루의 비율이 높은 빵이 많다. 라인란트에서는 라인란트 풍 슈바르츠브로트(→p.44)가 전통적인 빵이다. '닭 반 마리' 라는 의미를 갖는 할베 한이라는 음식이 있으며, 이 할베 한에는 뢰겔헨이라는 호밀 소형 빵을 곁들여 먹는다.

헤센 주에서는 바우에른브로트와 호밀 빵의 반죽으로 만든 얇은 피자 비슷한 플로아츠를 많이 먹고, 헤센 주, 라인란트팔츠 주 등에서는 바서베크라 불리는 소형 빵을 많이 먹는다.

라인란트팔츠 주와 자를란트 주에서는 라인헤센 빈처브로트(와인 농가), 팔츠 크루스텐브로트, 모젤란트 바이첸미슈를 오래전부터 먹었다.

요리로 말하면 라인란트는 벨기에, 네덜란드와 국경을 접하는 지역이어서 와플, 진주담치와 같은 공통되는 식문화를 볼 수 있다. 베스트팔렌에는 중세 초기부터 만들어진 유명한 햄인 싱겐이 있다.

남쪽으로 내려가 헤센에서는 애플와인이 유명하다. 식초에 담갔다가 먹는 한트게제라는 치즈

베스트팔렌 지방, 그리고 독일 서부의 대표적인 빵, 푼파니케르

와 알레부르스트, 베케베르크 같은 소시지류도 알려져 있다. 프랑크푸르트에서는 소시지의 일종인 프랑크푸르트 뷰르스첸은 물론, 프랑크푸르트 크란츠라는 케이크도 유명하다.

헤센, 팔츠, 바이에른, 바덴을 걸치는 지역에는 키르센미헬이라는 디저트가 있다. 오래된 빵을 우유, 달걀, 설탕, 버터로 갠 반죽과 샤워체리를 합쳐서 구운 것이다.

라인란트 주는 이웃나라 프랑스 알자스 지방과 공통의 식문화가 있다. 대표적인 것이 플람쿠헨(→P.78)이다. 라인강 유역은 와인의 명산지이기도 하다.

프랑크푸르트의 구시가지 중심. 건물이 아름다운 뢰머 광장. 크리스마스 시장 등 각종 전시장이 열리는 대형 광장이다.

와인 명산지가 많은 라인가우, 뤼데스하임의 포도밭

라인강 유역의 고도, 쾰른의 거리. 유네스코 세계유산인 쾰른 대성당은 이곳의 상징이다.

헤센 북부의 명물인 알레부르스트 등 소시지 요리

프랑크푸르트 명물인 애플와인. 전용 글라스도 있다.

지역의 특징 이해하기

독일 남부의 빵과 식문화

다른 지역과 다른 점은 밀가루를 사용한 빵이 많다는 것이다. 그 중에서도 일본에서도 잘 알려진 브레첼이 유명하다. 고대 밀인 스펠트 밀가루를 사용한 빵과 독특한 제조법으로 만든 빵도 눈에 띈다.

뮌헨을 주도로 하는 독일 최대의 주 바이에른, 공업도시 슈투트가르트가 주도인 바덴뷔르템베르크 주를 포함하는 독일 남부는 알프스산맥에 면하고 있어 낙농업이 발달했다. 슈바르츠발트(검은 숲), 로맨틱 거리 등의 관광지로도 알려져 있다.

이 지역 빵의 가장 큰 특징은 밀가루를 사용한 빵이 다른 지역보다 많다는 점이다. 유명한 빵은 브레첼(→p.84). 지방에 따라 모양과 만드는 법이 달라 브레첼을 먹어보고 비교하는 것도 재미있다.

뮌헨에는 예로부터 하우스브로트라는 빵이 있었다. '빵의 시간'을 의미하는 브로트차이트(→p.28)는 빵을 중심으로 한 가벼운 식사를 뜻하는 것으로 바이에른 지방의 식습관이다.

뉘른베르크가 있는 프랑켄 지방의 빵으로서는 프랑켄라이프가 유명하다. 바덴, 슈바벤 지방에는 게네츠테스 브로트(→p.35), 아우스게호베네스 바우에른브로트(→P.34) 같은 독특한 제조법의 빵도 눈에 띈다. 스펠트 밀가루의 최대 산지여서 스펠트 밀가루를 사용한 빵 딩켈브로트(→p.50)도 많다.

바이에른 주는 오스트리아, 체코와 국경을 이루고 있기 때문에 양국과 요리 문화권을 공유하고 있다. 가루요리가 많고 가루와 묵은 빵, 감자 등으로 만든 경단 모양, 혹은 막대 모양으로 만들어 자른 요리인 크뇌델, 언뜻 보기에 커다란 고기만두 같은 담프누델 등은 독일과 인접한 나라에서도 볼 수 있는 요리다. 알프스 일대에는 낙농도 발달해 질 좋은 치즈가 많다.

모양과 만드는 법이 다양한 브레첼. 독일 남부 사람들에게는 없어서는 안 될 빵이다.

고기요리로는 돼지 다릿살을 구운 슈바인스학세, 미트로프인 레버케제가 유명하고, 소시지로는 바이스부르스트(흰 소시지)가 많이 알려져 있다.

바이에른 주는 독일 맥주 양조장의 약 3분의 1이 모여 있어, 예로부터 맥주 문화가 발달했다. 바이스 비어, 헬레스, 메르첸을 필두로 종류도 다양하다. 와인은 프랑켄 지방과 바덴 지방이 산지로 알려져 있다.

슈바벤 지방에는 가루요리 문화가 있다. 달걀을 많이 사용한 면요리 슈페츨레, 밀가루 반죽에 고기와 야채 등을 채워 넣은 마울타셰 등이 있다.

또한 케이크로는 '검은 숲'을 의미하는 초콜릿 반죽에 키르쉬(체리)가 들어간 크림을 사용한 슈바르츠발트 키르쉬토르테가 있다.

바이에른 명물 슈바인스학세와 크뇌델

슈바벤 지방의 명물요리인 마울타셰

신고딕양식의 뾰족 사탑인 뮌헨 시청사. 12시 정각에 인형들이 나와서 춤을 추는 시계탑 쇼가 관광객을 즐겁게 해준다.

슈바벤 지방의 면요리인 슈페츨레. 바삭바삭한 양파를 올린다.

바이에른의 남쪽, 호엔슈반가우성과 알프호수. 산이 아름답다.

독일 빵이 있는 식사

빵의 종류가 많은 만큼 빵 소비량도 엄청난 독일. 그럼 독일 사람들은 평상시에 어떻게 빵을 먹고 있는 것일까? 하루 세끼 식사를 중심으로 빵을 어떻게 먹고 있는지 소개한다.

독일의 전형적인 식사 스타일은 아침에는 빵이나 시리얼, 점심에는 따뜻하게 조리한 음식, 저녁에는 차가운 음식이다. 차가운 음식이란 빵을 중심으로 햄, 소시지, 치즈, 샐러드처럼 불에 올리지 않아도 되는 식재료로 식사를 하는 경우를 말한다. 저녁에는 배부르게 먹기보다는 가볍게 마치는 것이 통례이다.

아침은 빵을 중심으로

독일의 학교나 병원은 8시부터 시작되고 빵집은 7시 무렵부터 오픈한다. 예전에는 매일 아침 근처 빵집에 아침 식사용 빵(브레첸 등 소형 빵)을 사러 갔다. 그러나 오늘날에는 그렇게까지 하는 사람이 많지 않다.

집을 나와 대로변의 빵집에서 빵과 커피를 사서 먹거나 사와서 직장에서 먹는 사람이 많다. 막 구운 빵은 훨씬 맛있는 데다가 아침 기분을 상쾌하게 해준다. 그리고 스타일은 바뀌었어도 아침밥으로 먹을 수 있는 것은 예나 지금이나 소형 빵이다.

아침 식사의 경우, 따뜻한 것은 삶은 달걀 정도다. 반숙으로 해서 에그 스탠드에 올려놓고 껍질 윗부분을 숟가락 등으로 두드려 깨뜨린 다음 숟가락으로 떠먹는다. 다만 여유가 있을 때나 이렇게 먹을 수 있다. 이때 빵에는 버터, 크림치즈에 잼, 벌꿀, 각종 스프레드, 소시지, 치즈 등을 곁들여 먹는다.

독일 호텔의 아침 식사는 몇 가지 빵에 햄, 소시지, 치즈, 잼 등 가짓수가 더 많이 준비된다. 이 아침 식사는 널리 알려져 호평을 받고 있다.

점심 전의 스낵 타임

독일의 런치 타임은 13시경부터여서 오전 일과가 길다. 그래서 10시경에 휴식시간이 있고 가볍게 스낵 등을 먹는 사람도 있다. 이 스낵 타임을 파우젠브로트(휴식)라고 한다. 플라스틱 박스에 샌드위치나 과일을 넣어가는 일도 있어 일본의 도시락을 지참하는 습관과 비슷하다.

차가운 음식의 일례. 좋아하는 햄이나 소시지를 대량으로 사와서 야채와 과일을 곁들여 먹으면 영양을 골고루 섭취할 수 있다. 와인과 함께 먹기도 한다.

파우젠브로트의 일례. 이런 플라스틱 도시락통도에 샌드위치와 과일, 초콜릿 제품을 담는다.

건더기가 많은 수프에 호밀 빵만 있으면 공복을 즉시 채울 수 있다.

독일에서 가장 볼륨이 있는 식사는 점심이다. 예전에는 집에
돌아가 가족과 점심을 먹는 일도 드물지 않았으나 지금은 과거
의 일이 되었다. 직장에서는 지참한 도시락을 먹거나 직원식당
에서 먹는다. 직원식당에서는 대학의 학생식당과 마찬가지로 따
뜻한 요리가 제공된다. 따뜻한 요리의 경우는 빵이 나오지 않는
다. 금요일은, 특히 가톨릭에서는 생선을 먹는 습관이 있어, 학
생식당에서도 배려하고 있다. 팬케이크 등 달달한 점심을 먹는
사람도 있다.

포크와 나이프를 이용한 간단한 저녁

독일인은 전혀 야근을 하지 않고 정시에 퇴근한다. 시간은 17
시인 곳이 많다. 저녁 식사는 일본과 거의 같은 19시~20시에
먹는다. 물론 독일도 식생활은 다양화되어 차가운 음식이 아닌,
가열한 요리를 먹는 사람도 있다.

하지만 전통적인 독일의 저녁 식사는 지금도 건재하다. 특히
싱글 세대나 빨리 저녁을 마치고 싶은 경우에는 그렇다. 독일의
저녁 식사는 빵과 몇 가지 식재료가 있으면 간단히 만들 수 있
고 즉시 먹을 수 있어 합리적이다.

아침과는 달리 저녁에는 대형 빵이 등장한다. 접시에 슬라이
스한 빵을 놓고 그 위에 좋아하는 것을 올려 포크와 나이프로
먹는다.

에피타이저에도 빵이 사용된다. 오른쪽은 펌퍼
니켈(→P.46)에 치즈를 끼워 한입 크기로 잘라
술안주로 만든 것. 독일에서는 이런 카나페 풍
으로 펌퍼니켈을 사용하는 일이 많다.

식재료를 파는 도심의 카페에서 제공하는 조각
치즈와 빵

손쉬운 스낵 빵이라 하면 샌드위치. 자신이 직접 만들기도 하고 사서 먹
기도 한다.

크리스마스 시장에서 본 빵 가게. 넓적한 샌들
모양의 빵에 여러 가지를 올린 다음 구워 판매
한다.

독일 빵에 곁들이는 식재료

독일 사람에게 빵은 일본사람의 밥이나 마찬가지다. 빵만 먹기도 하지만 슬라이스한 빵에 토핑을 올려 먹기도 하고 빵 사이에 다른 재료를 끼워 먹기도 한다. 어떤 식재료가 독일 빵과 함께 먹기에 좋은지 알아보기로 한다.

빵에 어울리는 식재료는 셀 수 없을 만큼 많지만 독일로 말한다면 대충 나눠 짭잘한 종류와 달콤한 종류가 있다. 짭잘한 종류는 고기 가공식품이나 치즈류, 야채, 스프레드, 달걀 등이 있고, 달콤한 종류에는 과일잼, 벌꿀, 첨채당 시럽, 초콜릿이나 견과 스프레드가 있다. 분류는 간단하지만, 잼을 활용하든 스프레드를 활용하든 그 종류가 대단히 많다.

빵이 있는 뷔페에서는 어느 것을 집을지 망설일 정도로 많은 소시지가 진열된다. 육류가공품 대국 독일에서나 볼 수 있는 광경이다.

짠 식재료와 단 식재료

많은 아이템을 갖는 필두는 육류가공품이다. 독일의 식육점에서는 다종다양한 소시지와 햄류를 판매하는데, 이들은 모두 빵에 잘 맞는다. 일본에는 그다지 알려져 있지 않은 편이지만 독일은 세계유수의 치즈 생산국이다. 치즈 소비량도 많다. 그 중에서도 식탁에 오를 기회가 많은 것이 쿠아르크(Quark: 저지방 치즈). 물기를 뺀 요구르트와 같은 식감으로 요리에 사용하기도 하지만 그대로 먹어도 맛있고 빵에 발라 먹어도 맛있다.

달콤한 식재료 중 많이 소비되는 것은 과일잼이다. 여러 종류가 있는데, 그 과일만의 단맛이나 신맛이 그대로 담은 것이 독일 잼의 특징이다. 베리류는 사지 않아도 여기저기서 따먹을 수 있는데, 집에서 잼을 만드는 사람도 있다. 계절 과일로 직접 잼을 만드는 사람도 많다. 판매되는 잼 중에 Extra라고 쓰여 있는 것은 전체 과일 고형분의 비율이 높은 타입을 가리킨다.

슈퍼마켓의 치즈 코너

빵에 바르는 스프레드도 종류가 풍부하다. 채식주의자도 많아 야채 스프레드나 첨채당을 사용한 시럽도 있다. 이것은 빵의 재료나 요리에도 사용할 수 있다. 최근에는 아무것도 가미하지 않은 전통 스프레드뿐 아니라 사과, 서양배 같은 과일을 섞어 맛에 변화를 준 변형식품이 늘고 있다.

독일 사람은 벌꿀도 아주 좋아해 빵에 발라먹는 경우가 많다. 벌꿀에는 규정이 있고 품질을 보증하기 때문에 안심하고 먹을 수 있다. 벌꿀은 다양한 종류가 있고 맛도 색상도 향기도 다르므로 빵의 종류에 맞춰 고르는 것이 좋다.

독일에서 흔히 볼 수 있는 스프레드 치즈 쿠아르크. 사진의 제품에는 허브가 들어 있다. 야채 딥으로 사용해도 좋다.

식재료라고 하면 커다란 것을 상상할 수도 있으나 버터나 소금, 혼합 향신료도 훌륭한 빵의 파트너. 빵에 버터나 소금, 혼합 향신료를 곁들여 먹으면 심플하지만 싫증나지 않는 맛을 즐길 수 있다. 혼합 향신료는 빵 반죽에 넣기도 하고 표면에 뿌리기도 한다. 혼합 향신료 중 많이 사용하는 것으로는 아니스, 회향 씨, 코리앤더 씨, 캐러웨이 씨 등이다. 먹다 남은 것은 요리에 사용할 수 있어 편리한 향신료이기도 하다.

독일은 과일 종류가 많은 만큼 다양한 잼이 있다

묵직한 빵에 어울리는 독특한 맛

이렇게 늘어놓으면 너무 많아 망설여지겠지만 기본적으로 좋아하는 것을 고르면 된다. 그래도 일종의 요령이 있으므로 기억해 두면 좋다.

빵과 식재료의 궁합을 생각할 경우 호밀의 비율이 늘수록 함께 곁들이는 식재료의 맛이나 식감이 확실하고 독특한 것이 적합하다. 호밀 빵의 신맛과 독특한 맛은 다른 부식물과 잘 맞으며, 빵의 확실한 감촉은 묵직한 소재와도 잘 우울린다. 만일 희고 부드러운 빵이라면 대체로 맛이 담백하므로 독특한 맛의 소재에 가려지게 된다. 호밀 빵의 신맛은 단맛과도 잘 어울린다. 같은 신맛을 가진 과일잼이라면 서로 부딪히는 일이 없다.

한편 희고 부드러운 빵에는 야채나 상큼한 치즈, 마일드한 식재료가 맞는다. 빵에 맞는 식재료를 생각하든, 식재료로부터 이에 맞는 빵을 생각하든 이를 고르는 일도 빵을 먹는 즐거움의 하나이다.

채식주의자도 좋아하는 허브토마토 스프레드와 첨채당 시럽 2종류

각종 벌꿀. 왼쪽부터 백화벌꿀, 아카시아 꿀, 슈바르츠발트 꿀

여러 종류의 향신료를 배합해놓은 믹스 스파이스

슬라이스 한 빵에 버터를 바르고, 혼합향신료를 뿌린 것과 잼을 올린 것. 프류슈튜크스브레첸이라고 하는 빵 전용 보드에 빵을 올려놓았다.

독일 빵의 보관법과 자르는 법

모처럼 좋은 빵을 사거나 만들었다 해도 보관법이나 자르는 방법이 잘못되면 마지막까지 맛있게 먹을 수 없다. 요령만 알고 있으면 늘 맛있는 빵을 먹을 수 있다.

빵을 보관하는 방법을 독일인에게 물어보면 반드시 '종이로 싸야 한다'고 말한다. '빵은 호흡을 하기 때문에 랩 등 밀폐하는 소재는 쓰지 않는 것이 좋다'는 것이 그 이유다. 일본은 독일만큼 건조하지 않기 때문에 구입했을 때 넣어준 종이봉지 채 놔두어도 자르지만 않는다면 몇일 동안은 괜찮을 것이다.

종이봉지가 없는 경우는 쿠킹 시트와 같은 종이로 대용할 수 있다. 다만 일본은 습기가 많으므로 곰팡이가 생기지 않도록 주의할 필요가 있다.

용기를 이용하거나 냉동 보관한다

독일의 전통적인 빵 보관 방법에는 용기에 넣어 보관하는 방법도 있다. 보관전용 용기가 있는데, 슬라이드 식에 뚜껑을 여는 타입(목제 등)도 있고, 냄비 같은 모양에 뚜껑이 있는 것도 있다. 용기의 소재에 따라 습도가 달라지기 때문에 각 용기의 특징을 알고 사용하는 것이 좋다.

목재는 세균 번식이 억제되지만 빵의 습기를 흡수하기 때문에 빵이 건조하기 쉽다. 금속이나 법랑, 유리 용기는 씻기 쉽고 튼튼해 취급하기 쉽지만 공기의 순환에 신경을 쓸 필요가 있다. 도기 용기는 통기성이 좋아 권할 만하지만 뚜껑이 두꺼우면 습기가 밖으로 빠져나가지 않는다. 또한 플라스틱 등 인공소재는 통기성이 없기 때문에 일반적인 빵 용기로는 적합하지 않다.

일본은 독일과 달리 습기가 높기 때문에 수일 동안 상온에 두기가 걱정되는 경우라면 빨리 냉동 보관하는 것이 좋다. 이때 냉장고에 넣지 말 것. 왜냐하면 냉장고 안은 건조하기 때문에 빵이 버석버석해진다.

냉동보관하는 경우는 대형 빵은 슬라이스해서 넣는 것이 좋다. 처음부터 지퍼백에 넣어 소량으로 나눠 냉동하면 편리하다. 냉동되어 딱딱해진 빵을 자르는 것은 힘들기 때문이다. 또한 미리 슬라이스해 두면 먹고 싶은 양만큼 꺼내 하룻밤 상온에 두기만 해도 다음날 아침에는 맛있게 먹을 수 있다. 토스트할 필요는 없다.

며칠 내에 먹을 것이라면 구입 당시의 종이 포장지나 쿠킹 시트로 싸면 된다.

도기제 빵 보관용기. 색도 모양도 싫증이 나지 않는다.

빵 보관용기. 한마디로 도기제라 해도 색상이나 크기는 여러 가지다.

멋진 자수가 놓인 옛날 빵 보관자루. 쥐가 접근하지 못하도록 천정에 매달아 사용한다.

독일 빵 자르는 법

독일 빵을 맛있게 먹고 또한 잘 보관하려면 자르는 법에도 요령이 있다. 크게 나눠 소형 빵과 대형 빵은 자르는 법에 차이가 있다. 소형 빵은 수평으로 나이프를 넣고 상하 절반으로 잘라, 한쪽 씩 혹은 샌드위치를 만들어 먹는다.

잘 자르기 위해서는 나이프를 먼저 빵의 한가운데를 향해 넣고 거기서부터 중심이 움직이지 않도록 살짝 누르며 잘라야 한다.

대형 빵은 슬라이스 하는 것이 철칙이다. 빵의 굳기, 반죽의 밀도 등에 따라 슬라이스의 두께를 바꾼다. 예를 들어 호밀가루가 들어간 빵은 밀가루의 부드러운 빵보다도 조금 얇게 슬라이스하는 것이 좋다. 밀가루 소형 빵이라면 식사용 나이프로도 자를 수 있지만 묵직한 호밀 빵이나 크러스트가 단단한 대형 빵의 경우는 역시 전용 나이프가 있으면 자르기 쉽다. 좋은 나이프를 한 개 마련해두면 여러모로 쓸 수 있다.

호텔 등 많은 사람이 오가는 장소에서는 대형 빵이 모두 천이나 냅킨으로 덮혀 있거나 포장돼 있어서 직접 슬라이스 해야 한다. 이때는 필요에 따라 자르기 때문에 낭비가 없고 빵의 건조도 막을 수 있다.

이 경우에는 빵에 직접 손을 대지 않도록 덮여 있는 천 위에서 빵을 누르며 슬라이스 하는 것이 좋다. 빵의 커버를 잘못 알고 벗겨내지 않도록 해야 한다.

대형 빵은 슬라이스해서 지퍼백에 소량으로 나눠 냉동 보관한다.

카이저젬멜(→P.98) 등 소형 빵은 옆으로 슬라이스 한다.

묵직한 대형 빵은 얇게 슬라이스 하는 것이 기본이다.

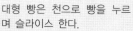
대형 빵은 천으로 빵을 누르며 슬라이스 한다.

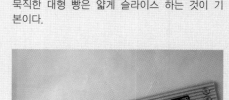
호텔 등에서 빵이 진열되어 있는 모습

독일 빵을 먹을 기회가 많다면 전용 나이프가 있으면 편리하다.

독일 빵이 있는 풍경

빵의 나라, 독일에서는 사람들이 어디서 빵을 사는 걸까? 빵집이겠지만, 그 이외에도 빵을 살 수 있는 곳은 많다. 여기서는 독일에서 빵을 살 수 있는 곳을 소개한다.

빵집임을 나타내는 베이커리 간판

빵집은 독일어로 베케라이라고 한다. 독일 거리를 걷다보면 가는 곳마다 빵집과 만나게 된다. 그리고 빵집을 말할 때 빼놓을 수 없는 가게가 있다. 케이크집이다. 독일에서는 콘디토라이라고 한다.

빵집과 케이크 가게

일본에서는 빵집과 제과점에서 취급하는 아이템이 다소 겹치기는 해도 그 경계가 확실하다. 하지만 독일의 경우는 다르다. 빵집과 제과점의 경계가 모호하다. 실제로 제빵과 제과 기술을 갖고 빵과 과자 양쪽을 만들어 파는 곳이 적지 않다.

왜 이런 상태가 일어났을까. 그건 빵이든 과자든 '오븐에서 구운 것'이라는 공통점이 있기 때문이다. 이 책에서는 과자 빵으로서 항목을 두고 있지만, 이 과자 빵 속에는 일본인의 눈에는 과자로 보이는 것도 적지 않다. 오븐에서 구운 '달콤한 빵'인 동시에 '달콤한 과자'이기 때문이다.

독일의 제과점에서 가게 앞에 진열한 케이크류

다른 점을 든다면 빵집에서도 팔고 있는 케이크는 굽기만 하는 구운 과자이고 생과자류는 제과점의 일이라는 점이다.

제과점에서 주로 판매하는 것은 생크림이나 과일 등을 듬뿍 넣은 생케이크 류이다. 초콜릿을 취급하는 곳도 적지 않은데, 이들은 선물용인 경우가 많다.

온라인으로도 빵을 살 수 있다

이외에도 빵을 살 수 있는 곳으로는 시장과 슈퍼마켓, 역 구내매점, 할인판매점이 있다. 시장에서는 가볍게 먹을 수 있는 소형 빵이나 샌드위치를 판매한다. 이벤트에서도 빵을 파는 노점이 있어 친숙하다. 슈퍼마켓이나 역 구내매점은 체인점이 많아 여기저기에 지점이 있다.

일본의 빵집에서는 쟁반을 들고 자신이 원하는 빵을 골라 담는 셀프식이 주류를 이루지만 독일에서는 대면식이 대부분이다. 대형 빵집의 경우는 원하는 빵을 주문하면 그만큼 잘라준다.

독일의 케이크는 크지만 단맛이 적어 많이 먹을 수 있다.

쾰른 역 구내에 있는 빵집. 위치 탓인지 샌드위치류가 눈에 띈다.

슈퍼마켓에서는 빵의 셀프서비스 코너를 도입하는 곳도 적지 않다. 질은 어떻든 다른 식품도 함께 더구나 염가로 살 수 있기 때문에 편리한 점에서는 최고라 할 수 있다.

빵을 구입하는 방법에도 시대의 흐름이 반영된다. 요즘은 인터넷쇼핑을 시작한 빵집도 적지 않다. 빵을 판매하는 온라인 쇼핑은 대형 체인점이 진출해 있다. 집에서 24시간 언제든 자신이 원하는 시간에 빵을 살 수 있게 된 것이다.

다만 이런 움직임이 동네 빵집의 경영을 어렵게 해서 소규모 빵집은 도태되고 있는 실정이다.

슈퍼마켓의 빵 코너. 자신이 좋아하는 빵을 고르는 셀프식이다.

쇼핑센터 내에 있는 빵집. 벽에는 "빵을 더 많이 먹자!"라는 문구를 크게 내걸었다.

뮌헨 시내에 있는 빵집. 장작가마 빵이라 간판에 쓰여 있고 그 밑에는 인증을 받았다는 오가닉 로고가 있다.

뮌헨 시내의 빵집. 옛날 방식으로 빵을 굽고 있다. 지금은 만드는 곳이 많지 않은 뮌헨 브로트 차이트젬멜을 여기서는 살 수 있다.

저렴·편리성 VS 정통성, 시장은 양극화

이런 가운데 본격적으로 빵 만들기에 돌입하는 젊은 제빵사들도 있고, 자유로운 형태로 제빵사가 맛있다고 생각하는 빵을 굽는 빵집도 있다. 보다 질 높은 빵을 제공하는 곳도 늘었다. 시장이 양극화되고 있는 양상이다.

더구나 독일 빵 문화가 무형문화유산에 등록(→p.214)된 것을 계기로 독일인이 자신들의 빵 문화를 다시 평가하는 움직임이 생겼다. 최근 서점에서는 빵 레시피 책도 늘었고 국영방송에서는 독일의 베스트베이커리를 정하는 프로그램을 만들기도 했다. 이런 여파로 접근하는 방법은 다르지만 전통적인, 그리고 본격적인 빵에 대한 회귀가 계속되고 있다.

독일인이 가장 많이 소비하는 빵은 밀가루와 호밀가루를 절반씩 배합해 만드는 미슈브로트다. 연간 빵 소비량이 1인당 46kg에 이른다(2014년 현재). 독일인이 외국에 갔을 때 없어서 아쉬웠던 것은 자국의 빵이라고 한다.

도시 빵집이 싫어 시골의 커다란 돌 가마에서 빵을 굽는 아저씨. "첨가물은 전혀 사용하지 않고 자신이 만들고 싶은 빵을 굽고 싶다."고 말한다.

베를린에서 발견한 유기농 베이커리 카페. 차양에는 여러 나라 언어로 빵이라고 쓰여 있다.

독일의 마이스터 제도

독일은 일본과 교육 시스템이 다르다. 이 교육 시스템은 제빵사가 되기 위한 여정에 크게 영향을 미친다.

독일에서는 초등학교 4학년까지는 모두 같은 학교에 다닌다. 하지만 그 후에는 진학 코스와 직업훈련 코스, 두 가지로 나누어진다. 제빵사처럼 기술을 익히고 싶은 사람은 5~6년 상급학교에서 배운 후 다시 3년간 직업훈련 코스를 밟아야 한다. 이 직업훈련 코스는 말하자면 듀얼 시스템이라 해서 학문적인 교육과 직업훈련(견습생 수업)을 동시에 받는 시스템이다. 3년 후 시험에 합격하면 게젤레 자격을 취득할 수 있다. 게젤레는 전문기술자격이다. 그 후 즉시 마이스터 시험에 도전하든지, 편력수업을 받든지(→p.80) 본인이 결정해야 한다.

제빵학교에서 가르치는 마이스터

제빵사 마이스터 시험은 6일간에 걸쳐 실시되며, 제빵에 관련한 실기와 이론 외에도 경영, 영업, 법적 지식이나 직업훈련 지식에 대해서도 시험을 치른다. 시험에 합격하면 합격증명서인 '마이스터 브리프'가 수여된다. 마이스터가 되면 독립해서 영업을 할 수 있고, 도제나 종업원을 고용할 수도 있다. 전문가, 경영자, 양성자의 세 가지 역할을 하는 사람이 마이스터인 셈이다.

독일의 마이스터에는 5가지 분야가 있는데, 제빵사의 경우는 수공업 마이스터의 하나이다. 제빵 마이스터 자격이 없으면 빵집을 경영할 수가 없다. 제빵 마이스터를 베카마이스터(여성은 베카마이스터린)라고 한다.

제빵 실습을 하는 마이스터

마이스터 자격은 현재 대학의 학사와 동등하게 인정받는, EU의 자격제도 6에 해당한다. 이 때문에 마이스터 자격이 있으면 EU 내에서 취업이나 전직이 보다 용이하다.

제빵 마이스터가 되기를 원하는 젊은이를 위한 사이트. 마이스터 시험에 대한 상세한 내용과 취업정보 등을 제공하고 있다.

마이스터 합격통지서 '마이스터 브리프'

독일 빵의 현주소

다른 세계와 마찬가지로 독일 빵의 세계에도 유행이 있다. 일본에서는 접하기 어려운 독일 빵 업계의 움직임을 안내한다. 독일 빵의 두드러진 키워드는 '건강'이다.

식생활 트렌드는 빵의 세계에서도 볼 수 있다. 예전에도 이벤트나 축제 때 빵을 파는 포장마차가 등장하기는 했어도 일본을 비롯한 아시아 각국처럼 밖에서 먹는 일이 일반적이지 않았던 것이 사실이다.

유기농 빵만을 만들어 판매하는 뮌헨의 빵집. 모든 빵에 에코 오가닉이 붙는다.

베이커리 카페가 등장

하지만 사람들의 생활이 바빠지면서 반드시 집에서 식사를 해야 한다는 생각이 바뀌었다. 그래서 대두된 것이 파는 곳에서 즉시 먹을 수 있는 소형 빵이나 과자 빵이다. 일본으로 말하면 '중식(中食: 슈퍼나 편의점 등 외부에서 먹을 것을 사와 집에서 먹는 식사)'이 시작된 것이다.

그리고 이들 빵의 테이크아웃 경쟁이 된 것은 미국에서 시작된 패스트푸드 체인이다. 햄버거용 둥근 빵도 빵이라 하면 할 말이 없지만 이 햄버거 빵은 묵직한 독일의 전통빵과는 맛도 식감도 크게 다르다. 실제로 젊은 세대에서는 호밀을 많이 함유한 빵의 소비가 줄고 있다.

이 점을 우려하는 목소리가 들린다. 그래서 등장한 것이 베이커리 카페. 엄선한 커피콩으로 로스팅한 커피와, 천연 재료를 사용해 가능하면 직접 만든 메뉴를 제공하는 카페가 인기를 끌고 있다. 빵에 정성을 다하는 곳도 적지 않다. 빵가게가 카페를 겸하는 곳이 있는 가하면 카페가 믿을 수 있는 빵집에 의뢰하는 경우도 있다. 어느 쪽이든 맛있는 빵을 제공하려는 마음은 같다. 이런 경향은 선진국 공통이라 해도 좋을 것이다. 일본에서도 이 같은 움직임을 볼 수 있으니까.

완전 채식주의자를 위한 유기농 판매점에서 팔고 있는 야채 칩스. VEGAN 로고 위에는 기름을 사용하지 않고 구웠다는 표시가 있다.

글루텐 프리는 피해갈 수 없다

지금의 음식 업계의 키워드는 글루텐 프리를 들 수 있다. 글루텐 프리란 글루텐이 들어 있지 않다는 것을 말한다. 글루텐이란 밀이나 곡물의 배아에 생성되는 단백질의 일종으로 글루텐이 있어야 빵이 부풀어 오른다. 하지만 이 글루텐이 알레르기를 일으키는 체질도 있다.

글루텐 프리 상품의 일례. 유기농 사워크라우트가 들어간 빵. 포장지 왼쪽 아래의 흰 색으로 된 원형 마크가 글루텐 프리 표시다.

글루텐은 밀에 많이 함유되어 있다. 밀을 원료로 하는 빵을 만드는 업계에서 글루텐 프리는 피해 갈 수 없는 테마다.

다행히 독일에는 밀뿐만 아니라 호밀, 보리, 귀리, 스펠트 밀 등 여러 가지 곡물로 빵을 만든다. 글루텐이 전혀 없을 수는 없어도 글루텐이 적은 빵도 많으므로 글루텐 프리, 혹은 이에 가까운 식품을 찾는 사람에게 독일 빵은 고마운 식품이다.

독일 국민의 약 1%가 글루텐 알레르기가 있다고 하는 조사결과가 나와 있으며, 글루텐 프리 시장도 커져 가고 있다. 이제 식품을 취급하는 곳곳에서 글루텐 프리 상품을 쉽게 찾아볼 수 있게 되었다.

EU의 오가닉 인증 마크

오가닉 식품이 정착한 독일

사람들의 오가닉(유기농) 지향도 지금의 중요한 푸드 트렌드이다. 아니, 트렌드가 아니라 독일에서는 이미 정착되었다고 해도 좋을 것이다.

독일에서는 오가닉 식품의 소비가 2000년부터 계속해서 상승하고 있다. 독일 국내에서 유통되는 오가닉 상품은 7만 점을 넘었다. 오가닉 전문점도 상당히 많으며, 꽤 많은 상품을 갖추고 있다. 여기서는 물론 빵도 팔고 있다.

일본에서 오가닉이라 하면 '가격이 비싸다'는 인식이 있지만, 독일에서는 그렇지 않다. 일반적인 것과 그리 가격이 다르지 않고 또한 전문점에 가지 않아도 유통 슈퍼마켓에서도 당연하다는 듯 오가닉 식품을 취급하고 있다. 일상의 식품을 선택하는 방법으로 존재하기 때문에 일본에서 생각하는 오가닉보다도 훨씬 가깝게 느껴진다.

독일의 공식 오가닉 인증 표시. EU 오가닉이 생기면서 이 표시는 없어지고 있으나 겸용으로 사용해도 무방하다.

오가닉 식품을 구분하는 방법은 간단하다. 해당 오가닉 식품에는 EU, 독일, 전문기관의 인증 마크가 포장지에 붙어 있다. 이것을 보고 고르면 된다.

채식주의자(베지테리언)와 완전 채식주의자(비건)도 매년 늘고 있다. 독일에서는 780만 명(인구의 10%)이 채식주의자이고, 90%(인구의 1%)가 완전 채식주의자라는 조사결과가 나와 있다(2015년 현재). 베를린 등 대도시에서는 완전 채식주의 전문 슈퍼마켓이나 마켓도 있다. 독일 빵의 경우, 과자 빵이 아닌, 식사 빵인 대형 빵이나 소형 빵은 규정에 의해 달걀, 유제품의 함유율이 낮으며, 전혀 들어 있지 않은 것도 적지 않다. 이스트나 사워도는 완전 채식주의라도 문제는 없다.

물론 이들에 대응하는 것은 빵집뿐 아니다. 글루텐 프리처럼 소매점에서도 음식점에서도 채식주의자나 완전 채식주의에 대한 대응이 당연시되고 있다.

주제는 건강,
더욱 높아진 관심

이 외에 제빵업계의 중요한 키워드는 '건강'이다. 일본에서도 화제가 된 슈퍼푸드 치어 시드를 넣은 빵, 프로테인을 배합한 것 등을 독일에서도 볼 수 있다. 유행하는 사업의 형태는 샌드위치와 스낵을 제공하는 테이크아웃 시장이다. 즉시 먹을 수 있고 종류가 다양한 샌드위치 컨셉이 좋은 반응을 얻고 있다.

2017년 현재 주목 받고 있는 제빵업계의 움직임으로는 독일 빵의 세계유산등록일 것이다. 독일 빵은 2014년에 독일 유네스코위원회에 의해 이미 독일 국내의 무형문화유산에 등록되었다. 세계유산에 등재되면 앞으로 독일 빵에 대한 사람들의 의식이 더욱 높아지고, 보다 질 높은 빵을 만드는 동시에 보다 많은 소비를 기대할 수 있게 될 것이다.

독일 최대의 오가닉 인증단체 비오란트 표시. 공적 기관보다도 엄한 조건을 설정해놓고 있다.

유네스코 무형문화유산에 등록된 독일 빵 문화

독일 빵 문화는 오랜 역사적, 정치적 변천, 그리고 기후적, 토양적인 조건으로부터 빵의 지역성과 다양성에 의해 지켜졌다. 생활에 밀접한 빵은 종교적인 축제나 전통행사에서도 빼놓을 수 없는 존재다.

발효 방법이나 굽는 방법 등과 같은 제빵 기술은 마이스터(→p.211)에서 게젤레(→p.80)로 전해져내려 온 재산이다.

독일은 세계에서도 빵의 종류가 가장 많은 나라다. 이 빵 문화를 지키기 위해 2014년 독일 유네스코위원회에서 독일 빵을 국내 무형문화유산에 등록했다. 독일 빵 문화의 보호보급 활동을 하는 독일중앙빵수공업연맹은 독일 전국의 빵을 등록시키기 위해 사이트를 마련하고 참가한 빵집에 다양한 정보를 제공해주고 있다. 2015년 시점에서 3200개 이상의 빵이 등록되었다.

최근 체인을 전개하는 전문점으로 인해 소규모 빵집의 경영이 어려워져 가고 있다. 이것은 대대로 이어온 빵과 레시피도 잃어버릴 위기를 의미한다. 무형문화유산 등록은 이러한 독일 빵 문화를 앞으로도 지켜갈 수 있는 방법이기도 하다.

독일 유네스코위원회 사이트의 독일 빵 문화등록 정보(영어)
German Bread Culture
www.unesco.de/en/kultur/immaterielles-kulturerbe/german-inventory/inscription/german-bread-culture.html
독일중앙빵수공업연맹
Deutsche Brotkultur (독일의 빵 문화)
www.brotkultur.de/

독일 빵 박물관

독일에는 빵을 테마로 한 박물관이 각지에 있다. 곡물과 빵이 예로부터 일용 양식이었던 유럽, 독일 사람들에게 빵은 역사와 문화가 함축된 식품이다. 빵을 통해 각 시대의 생활상이나 습관으로부터 종교, 정치, 경제 등 여러 측면을 들여다볼 수 있다. 이런 빵 문화는 당연히 연구의 대상이며 차세대에 계승해야 할 중요한 문화재이다. 빵 박물관이 존재한다는 것은 이러한 배경이 있기 때문이다.

여기서 소개하는 빵 박물관은 이런 화젯거리뿐 아니라 평소에 아무 생각 없이 먹고 있는 빵에 대한 새로운 사실을 알려준다. 빵을 높은 곳에서 내려다봄으로써 과거뿐 아니라 현재, 그리고 미래의 독일 빵을 그려볼 수 있게 해준다. 박물관은 제각기 특징이 있어, 카페나 레스토랑을 마련해 놓은 곳도 있다. 기회가 있다면 찾아가 보는 것도 좋을 듯하다.

빵 문화 박물관
(Museum der Brotkultur in Ulm)
남부 바덴뷔르템베르크 주 울름에 있는 빵 박물관. 소장품은 약 18000. 빵과 식량, 굶주림을 테마로 한 시대 구분으로 전시.
주소: Salzstadelgasse 10, 89073 Ulm
www.museum-brotkultur.de/

박물관은 16세기에 소금과 곡물의 저장고로 지어진 르네상스 양식의 건물이며, 이 건물을 로고로도 이용하고 있다.

유럽 빵 박물관
(Europäisches Brotmuseum)
니더작센 주 남부 에버게첸에 있다. 컨셉은 '곡물에서 빵까지'. 8000년 역사에 걸친 자료와 저장품을 전시한다. 넓은 부지에는 풍차와 고대, 중세의 빵 굽는 가마 등이 설치되어 있다. 가마 빵 굽기도 직접 보여준다.
주소: Göttinger Straße 7, 37136 Ebergötzen
www.brotmuseum.de/

캐치카피는 '살아 있는 장소'. 수동적인 견학에 머무르지 않는 능동적인 박물관이다.

바이에른 빵 박물관
(Bayerisches Bäckereimuseum)
바이에른 북부 오버프랑켄 지방의 클룸바흐에 위치. 맥주 박물관이 메인이지만 빵과 맥주의 밀접한 연관으로부터 빵 박물관도 병설했다. 17세기의 빵 굽는 오두막집으로부터 빵 굽는 도구, 빵에 관련된 사람들의 생활 모습 등을 감상할 수 있다. 견학 후에는 박물관에서 직접 만든 맥주와 빵을 맛볼 수 있다.
주소: MUSEEN IM MONCHSHOF, Hofer Straße 20, 95326 Kulmbach
www.kulmbacher-moenchshof. de/Baeckereimuseum.htm

전시품의 하나인 바이에른 주의 문장 릴리프. 이 지역을 상징하는 빵인 프레첼이 들어 있다.

베스트팔렌 빵 박물관(Westfäische Brotmuseum)

노르트라인베스트팔렌 주 니하임에 있는 민속박물관. 베스트팔렌 지방의 빵, 맥주, 치즈, 햄을 테마로 각기 마련된 민가 건물에서 전시한다.
주소: Westfalen Culinarium, Lange Str.12, 33039 Nieheim
www.westfalen-culinarium.de/

1. 옛날 민가를 개조한 건물. 1층에는 빵을 굽는 커다란 가마가 있는데, 정해진 날에 빵을 구워 방문객에게 나누어준다. 베스트팔렌 명물인 펌퍼니켈(→p.46)과 곡물, 향신료도 전시되어 있다.
2. 작은 동네에 있는 소규모 박물관이지만 '니하임에서 경험하고 즐기자'라는 컨셉이 좋은 반응을 얻어 2006년 독일 투어리즘 상을 수상했다.

호이슬러 벡도르프
(Häussler Backdorf)
벡도르프란 베이킹 빌리지를 의미한다. 오븐 메이커인 호이슬러사 부지 내에 있는 시설로 호이슬러제 오븐과 빵굽기용 설비, 도구, 재료 등을 다수 전시 판매한다. 제빵 강습회 등 이벤트도 열고 있어 전문가나 실제 빵을 굽는 사람에게 권할 만하다.
주소: Nussbaumweg 1, D-88499 Heiligkreuztal
www.backdorf.de

박물관 안이 넓어 오븐, 제분기, 연사기 등 제빵 기계와 제빵 도구류, 관련 서적을 판매하는 코너가 있다.

Acknowledgements
협조해준 베이커리

* —————— * —————— * —————— * —————— * —————— *

＊빵집&교실

※가게 안에 진열해놓은 빵 종류 외에 이 책을 위해 특별히 만든 빵도 있다.

독일 과자 · 독일 빵의 카베 케이지
(Deutsche Konditorei＆Bäckerei K·B KEIJI)
도쿄도 미나토구 아카사카 6-3-12 Tel: 03-3582-6312
www.kb-keiji.jp
이 책에 나온 빵 제작: 토스트브로트, 슈바벤 풍 (라우겐)브레첼

쇼마카
(Schomaker)
도쿄도 오오타구 기타센조쿠 1-59-10 Tel: 03-3727-5201
www.schomaker.jp/
이 책에 나온 빵 제작: 바우에른브로트, 베를린 란드브로트, 메어콘브로트, 딩켈브로트, 큐르비스케른브로트, 발누스브로트, 카르토펠브로트, 카로텐브로트, 츠뷔벨브로트, 로겐브로트헨

독일 베이커리 탄네
(Deutsche Bäckerei Tanne)
도쿄도 츄오구 니혼바시 하마쵸 2-1-5 Tel: 03-3667-0426
https://sites.google.com/site/doitsupantanne/
이 책에 나온 빵 제작: 바이스브로트, 게르스텐브로트, 존넨블루멘브로트, 뮤즐리브로트, 카이저젬멜, 도펠젬멜, 슈리페, 젤레, 기타 잡곡 소형 빵, 오스터크란츠, 비르넨브로트, 로지넨크노텐, 브호텔른, 파싱스크라펜, 베를린 브레첼, 비넨슈티히, 츠베치겐쿠헨

빵 굽는 오두막 쵸프
(Zopf)
치바현 마츠도시 코가네하라 2-14-3 Tel : 047-343-3003
http://zopf.jp/
이 책에 나온 빵 제작: 노이야스게베크, 아르트바이에른 풍 오스터브로트, 힘멜스라이터, 율슈랑게, 존넨라우프보겐, 헤페쵸프, 부터쵸프, 몬쵸프, 가이게, 포름게베크, 헤페타이크게베크

독일 빵 & 독일 요리교실 바크슈토 코른페르트
(Backstube Kornfeld)
Tel : 090-9254-0141 www8.plala.or.jp/kornfeld/
이 책에 나온 빵 제작: 키르히베르크 · 카르토펠브로트, 라우겐크루아상

힘멜 (Himmel)
도쿄도 오오타구 기타센조쿠 3-28-4 안샨테 오오오카야마 1F
Tel : 03-6431-0970 www.himmelbrot.com/
이 책에 나온 빵 제작: 베를린 판쿠헨, 로지넨슈네케, 슈트로이젤쿠헨

프라이베이커 사야
(Freibäcker Saya)
에히메현 나고야시 메이토구 카메노이 3-91 Tel : 052-753-6522
www.freibaecker-saya.com/
이 책에 나온 빵 제작: 슈바르츠브로트, 아펠부터블레히쿠헨

브로트 휴겔
(Brot Hügel)
나가노현 마츠모토시 와다 8000-369 Tel : 0263-48-2215
http://brot-hugel.com/
이 책에 나온 빵 제작: 코미스브로트, 홀츠펜브로트, 펌퍼니켈, 호밀 밀빵, 말파(· 그라프토마)브로트, 몰케브로트, 자우어크라우트브로트, 프류히테브로트

독일 빵 베카라이 당케
(Bäckerei DANKE)

시즈오카현 이즈노쿠니시 미후쿠 637 Tel : 0558-76-8777?1151
www.backerei-danke.com/index.html
이 책에 나온 빵 제작: 바이첸미슈브로트, 슈바르츠발트 풍 브로트, 그라우브로트, 아우스게호베네스 바우에른브로트, 비어브로트, 게어스터브로트(게어슈텔브로트), 피어콘브로트, 로겐슈로트브로트, 베스트팔렌 풍 바우에른슈투텐

베카라이 콘디토라이 히다카
(Bäckerei Konditorei Hidaka)
시마네현 오오다시 오오모리쵸 90-1 Tel : 0854-89-0500
www.facebook.com/bkhidaka/
이 책에 나온 빵 제작: 게네츠테스 브로트, 파브로트, 딩켈폴콘브로트, 라인자멘브로트, 게뷰르츠브로트, 바이에른 풍 브레첼, 라우겐브뢰첸, 라우겐슈탄게, 노이야스브레첼, 노이야스크란츠, 미첼레, 오스터하제, 로지넨쵸프, 크노텐

베카라이 비오브로트
(Bäckerei Biobrot)
효고현 아시야시 미야즈카쵸 14-14-101 Tel : 0797-23-8923
이 책에 나온 빵 제작: 란드브로트, 폴콘브로트, 그레이엄브로트

무티스쿠헨
(MuttisKuchen)
도쿄도 세타가야구 타이시도 5-29-17 Tel : 03-3421-2798
www.muttiskuchen.com
이 책에 나온 빵 제작: 누스슈톨렌, 만델슈톨렌, 몬슈톨렌,

레커마울
(leckermaul)
도쿄도 분쿄구 메지로다이 1-24-8 1F Tel : 03-6304-1225
www.flammkuchen.jp
이 책에 나온 빵 제작: 플람쿠헨

＊식재료 & 독일상품 취급점

토리코시제분주식회사
후쿠오카현 후쿠오카시 하카다구 히에마치 5-1   Tel : 092-477-7110
www.the-torigoe.co.jp/

윙크에스 주식회사
도쿄도 미나토구 토라노몬 3-18-19 토라노몬 마린빌딩 5F Tel : 03-5404-7533
www.wingace.jp/j/

주식회사 한즈토레딩
오사카부 오사카시 츄오구 카와라야아미 3-10-6-1F Tel : 06-6211-9668
www.hands-web.co.jp/

MIE PROJECT 주식회사
도쿄도 시부야시 쇼토 1-3-8 Tel : 03-5465-2121
http://mieproject.com/

독일 키친 잡화 셀렉트샵 Leaf&Moon
가나가와현 가와사키시 미야마에구 이누쿠라 3-11-10 Tel : 050-3553-7082
http://shop.leafandmoon.com/

＊정보 제공

독일 관광국
도쿄도 미나토구 아카사카 7-5-56 Tel : 03-3586-5046
www.germany.travel

Bibliography
참고문헌

* 서적

「Warenkunde Brot」Lutz Geiß er(STIFTUNG WARENTEST)
「Brot: So backen unsere besten Bäcker」Gunar Hochheiden, Björn Kray Iversen 공저(Umschau Buchverlag)
「TEUBNER BROT」Teubner 편(GRÄFE UND UNZER Verlag)
「Schwarz Brot Gold: Deutschlands einzigartige Backkultur」Bettina Bartz Bernd Küscher, Ingo Swoboda 공저(Neuer Umschau Buchverlag)
「Brotbackbuch Nr. 1: Grundlagen und Rezepte für ursprüngliches Brot」Lutz Geißler(Verlag Eugen Ulmer)
「Gebäcke aus Bayern」Dieter Ruch, Hermann Späth 공저(Pflaum)
「Brot-Symbol für Natur, Leben und Kultur – ökologie als Weg」Caroline Ebertshäuser, Margaretha Stocker 공저(Hofpfisterei Eigenverlag)
「Dresdner Stollen」Mario Süßenguth(Wartberg Verlag)
「Brotland Deutschland Spezialbrote」Franz J. Steffen 저(Deutscher Bäckerverlag)
「Schrot, Korn & Pumpernickel-BrotlandDeutschland-Band 3」Franz J. Steffen著(BackMedia Verlaggesellschaft)
「Meisterhaft backen Band 2」Heinz Bittner, Heino Schumacher 공저(Deutscher Bäckerverlag)
「The Oxford Companion to Food」Alan Davidson 저「Tom Jaine 편(Oxford University Press)
「The Bread Bible」Christine Ingram, Jennie Shapter 공저(Hermes House)
「빵의 문화사」후나다 에이코(고단샤 학술문고)
「독일국립제빵학교 강사에 의한 독일제빵」주식회사 J·I·B 저·편, 사단법인 일본빵 기술연구소 감수(J·I·B)
「전통과 새로움 본고장 독일 빵 입문-건강한 매일을 위한 빵 만들기」그라페운트운차 편, 호토프 진리 역(아사야 출판)
「빵의 역사 '음식' 도서관」윌리엄 루벤 저, 진리화 역(원서방)

* 웹사이트

「Plötzblog – Selbst gutes Brot backen」www.ploetzblog.de/
「Der Brotexperte: Alles über Brot」www.brotexperte.de/
「Deutsche Brotkultur-Bewerber immaterielles Kulturerbe」www.brotkultur.de
「Deutsche Brotkultur」www.unesco.de/kultur/immaterielles-kulturerbe/bundesweites-verzeichnis/eintrag/deutsche-brotkultur.html
「Zentralverband des Deutschen Bäckerhandwerks e. V.」www.baeckerhandwerk.de
「baeckerlatein.de-Das Lexikon zum Brotbacken」www.baeckerlatein.de/
「BMEL – Lebensmittel-Kennzeichnung – Leitsätze für Brot und Kleingebäck」www.bmel.de/SharedDocs/Downloads/Ernaehrung/Lebensmittelbuch/LeitsaetzeBrot.html
「Leitsätze für Feine Backwaren」www.bmel.de/SharedDocs/Downloads/Ernaehrung/Lebensmittelbuch/LeitsaetzeFeineBackwaren.pdf？__blob=publicationFile
「backwaren aktuell 2 / 2011」www.wissensforum-backwaren.de/files/backwaren_aktuell_02_11.pdf？102,17
「Verordnung (EU) Nr. 1098/2010 der Kommission vom 26. November 2010 zur Eintragung einer Bezeichnung in das Register der geschützten Ursprungsbezeichnungen und der geschützten geografischen Angaben (Dresdner Christstollen/Dresdner Stollen/Dresdner Weihnachtsstollen (g.g.A.)」http://eur-lex.europa.eu/legal-content/DE/TXT/？uri=CELEX%3A32010R1098
「Bäckerwalz」www.baeckerwalz.de/
「Neuer Münchener Arche-Passagier: Die Münchener Brotzeitsemmeln」http://slowfood-muenchen.de/？page_id=3075
「Brezelrezepte, Brezel Rezepte, Brezelgerichte, Gerichte, Brezelteig」www.brezel-baecker.de/brezelrezepte
「Dresdner Stollen-Bäckereien und-Konditoreien」www.dresdnerstollen.com/de
「Springerle, Hutzelbrot und Dambedei」www.tourismus-bw.de/Media/Presse/Pressemitteilungen/Springerle-Hutzelbrot-und-Dambedei
「Der Münchner Brezenreiter seit 1318」www.brezenreiter.de/
「Biodiversität Arche des Geschmacks」www.slowfood.de/biokulturelle_vielfalt/arche_des_geschmacks/
「Burger Brezel」www.slowfood.de/biokulturelle_vielfalt/die_arche_passagiere/burger_brezel/
「Arbeitskreis Burger Brezel」www.burger-brezel.info/

「Bergische Kaffeetafel」www.niederbergisches-museum.de/bergische_kaffeetafel.html
「Agrar-Lexikon Getreide」www.agrilexikon.de/index.php？id=getreide
「Back Dir Deine Zukunft」www.back-dir-deine-zukunft.de/
「Roggen Anbau und Vermarktung」www.landwirtschaft-mv.de/cms2/LFA_prod/LFA/content/de/Fachinformationen/Betriebswirtschaft/Oekonomie_Pflanzenproduktion/Wirtschaftlichkeit_des_Roggenanbaus_in_Mecklenburg-Vorpommern/Roggenbroschuere.pdf
「Ernährungsforschungsraum | Leben smittel | Lebensmittel | 13 Brot-Back waren」http://ernaeh rung sden kwerkstatt.de/ernaehrungsforschungsraum/lebensmittel/lebensmittel/13-brot-backwaren.html
「Deutsche Innungsbäcker」www.innungsbaecker.de
「Brotbackforum – Die Hobbybäckerei」https://brotbackforum.iphpbb3.com
「Qualifikation eines deutschen Bäckermeisters」www.back-dir-deine-zukunft.de/fileadmin/REDAKTION/pdfs/weiterbildung/Baeckermeister_Qualifikation.pdf
「Frage: Warum heißt die Seele(ein Gebäck aus dem süddeutschen Raum) Seele？」www.museum-brotkultur.de/pdf/08Seelen.pdf
「Frage: Was hat es mit dem Brauch, Brot und Salz zu verschenken, auf sich？」www.museum-brotkultur.de/pdf/15Brot%20und%20Salz%20neu.pdf
「Brötchen/Semmel」www.atlas-alltagssprache.de/brotchen/
「Hefegebäckmann」www.atlas-alltagssprache.de/runde-7/f01b/
「netzbrot Alles rund um das eingenetzte Brot」www.netzbrot.de/
「Die Reutlinger Mutschel」www.brauchwiki.de/Die_Reutlinger_Mutschel
「Anisbrezeln」www.genussregion.oberfranken.de/spezialitaeten/spezialitaeten_von_a_z/a/159/anisbrezeln/details_39.htm
「Bräuche zur Wintersonnenwende」www.geomantie.at/joomla/index.php？option=com_content&view=article&id=275:braeuche-zur-wintersonnenwende&catid=48:winter-sonnenwende
「Die köstliche schwäbische(Laugen)-Brezel」www.schwaebisch-schwaetza. de/schwaebische_brezeln.htm
「Swabian, Hutzelbrot」http://tastes-of-danube.eu/wp-content/uploads/sites/3/2016/12/Sigi-K% C3 % B6rner-HutzelbrotStoryEnglish.pdf
「butterbrot.de: Rettet das Butterbrot」www.butterbrot.de/#
「Wie heidnisch ist Ostern？Die Wissenschaft durchleuchtet eine fragwürdige Göttin」www.zeit.de/1959/13/wie-heidnisch-ist-ostern
「WISSENSWERT: DER STUTENKERL」www.pflichtlektuere.com/06/11/2014/wissenswert-der-stutenkerl/
「Buhmann oder Weckmann-wer bist Du eigentlich, Du Stutenkerl？」www.nrz.de/region/niederrhein/buhmann-oder-weckmann-wer-bist-dueigentlich-du-stutenkerl-id10025526.html
「Back to the roots」www.welt.de/welt_print/regionales/article9026991/Backto-the-roots.html
「Snack-Konzepte haben Potenzial – Allgemeine BäckerZeitung (ABZ) – 16.03.2017」www.abzonline.de/fokus/baecker-gastro-snack-konzeptehaben-potenzial_7069304848.html
「Anzahl der Veganer und Vegetarier in Deutschland」https://vebu.de/veggie-fakten/entwicklung-in-zahlen/anzahl-veganer-und-vegetarier-indeutschland
「Ist Brot vegan？| Vegpool」www.vegpool.de/wissen/ist-brot-vegan.html
「Bund Ökologische Lebensmittelwirtschaft Zahlen·aten·akten Die Bio-Branche 2015」www.boelw.de/uploads/media/BOELW_ZDF_2015_web.pdf
「Hessische Küche – "Hessisch" koche」www.hessen-netz.com/168/Hessische-Kueche.html
「Deutsche Zentrale für Tourismus e.V.」www.germany-images.de
「Tatsachen über Deutschland」www.tatsachen-ueber-deutschland.de/de
「CiNii 논문-중세 후기 독일 직인조합의 성립」http://ci.nii.ac.jp/els/110004668854.pdf？id=ART0007399765&type=pdf & lang=jp & host=cinii&order_no=&ppv_type=&lang_sw=&no=1492788582&cp=
「독일의 교육 시스템과 특징게젤 마이스터 자격취득 독일 유학이라면 다빈치 인터내셔널」http://davinci-international.com/

Index
찾아보기

* ———————— * ———————— * ———————— * ———————— * ———————— *

정통 독일 빵의 모든 것

독일 빵 대백과

2018. 8. 17. 초 판 1쇄 인쇄
2018. 8. 24. 초 판 1쇄 발행

지은이 | 모리모토 토모코
옮긴이 | 김선숙
펴낸이 | 이종춘
펴낸곳 | BM 주식회사 성안당
주소 | 04032 서울시 마포구 양화로 127 첨단빌딩 5층(출판기획 R&D 센터)
　　　| 10881 경기도 파주시 문발로 112 출판문화정보산업단지(제작 및 물류)
전화 | 02) 3142-0036
　　　| 031) 950-6300
팩스 | 031) 955-0510
등록 | 1973. 2. 1. 제406-2005-000046호
출판사 홈페이지 | www.cyber.co.kr
ISBN | 978-89-315-8264-2 (13590)
정가 | 18,000원

이 책을 만든 사람들
책임 | 최옥현
진행 | 김해영
교정·교열 | 백상현
본문 디자인 | 김인환
표지 디자인 | 박원석
홍보 | 박연주
국제부 | 이선민, 조혜란, 김해영
마케팅 | 구본철, 차정욱, 나진호, 이동후, 강호묵
제작 | 김유석